混凝土主体结构平法通用设计 C101-1

（适用于混凝土框架、剪力墙、框架-剪力墙和框支剪力墙结构）

陈青来 著

中国建筑工业出版社

图书在版编目（CIP）数据

混凝土主体结构平法通用设计 C101-1/陈青来著 . —北京：
中国建筑工业出版社，2012.12
　ISBN 978-7-112-14884-4

　Ⅰ.①混⋯　Ⅱ.①陈⋯　Ⅲ.①混凝土结构-结构设计
Ⅳ.①TU37

中国版本图书馆 CIP 数据核字（2012）第 282035 号

　　本书为平法创始人陈青来教授历时数十载的科研成果，是对我国传统结构施工图设计表示方法作出重大创新改革。
　　本图集包括现浇混凝土柱、墙、梁三种通用构件的平法制图规则和通用构造详图两大部分。平法制图规则，既是设计者完成柱、墙、梁平法施工图的依据，也是施工、监理人员准确理解和实施平法施工图的依据。
　　本图集可供建筑结构设计、施工、造价和监理人员使用，并可供研究人员阅读，也可供工民建专业本科生、研究生学习参考。

　　　责任编辑：蒋协炳
　　　责任校对：肖　剑　赵　颖

混凝土主体结构平法通用设计
C101-1
（适用于混凝土框架、剪力墙、框架-剪力墙和框支剪力墙结构）
陈青来　著

*

中国建筑工业出版社出版、发行（北京西郊百万庄）
各地新华书店、建筑书店经销
北京红光制版公司制版
北京富生印刷厂印刷

*

开本：787×1092 毫米　1/16　印张：7　字数：169 千字
2012 年 12 月第一版　　2013 年 8 月第二次印刷
定价：**35.00** 元
ISBN 978-7-112-14884-4
（22951）

前　言

1. 本图集为混凝土结构施工图采用建筑结构施工图平面整体设计方法的 C101 系列通用设计图集之一。

2. 建筑结构施工图平面整体设计方法（简称平法），是作者历时数十载的科技研究成果。平法针对现代工程技术需要，对我国传统结构施工图设计表示方法作出重大创新改革。

平法成果曾荣获山东省科技进步奖（1995）、建设部科技进步奖（1997），并由国家科委列为《"九五"国家级科技成果重点推广计划》项目、由建设部列为一九九六年科技成果重点推广项目。

3. 平法自 1991 年创始之日起，历经二十多年的推广和持续研究，已在全国结构工程界得到普遍应用。从 1996 年至 2009 年，作者陆续完成了 G101 系列平法建筑标准设计的全部创作。G101 系列平法建筑标准设计曾获标准设计金奖（1998、2008）和全国工程勘察设计行业国庆六十周年作用显著标准设计项目大奖（2009）。

在世界各国设计领域，通常有相应专业技术的"设计标准[1]"，但并无"标准设计"。在满足同一设计标准的原则下，同一设计目标可以多种设计形式实现同样功能，即在满足设计可靠度的原则下，繁荣创作形成技术竞争和进步。平法 G101 系列虽获成功，但若长

期缺乏竞争会形成垄断技术平台，从而妨碍技术创新。平法研制者坚持以求真务实的诚实劳动进行平法通用设计图集的研究创作，坚持技术创新，坚持不懈地促进我国建筑结构领域的技术进步。

4. 本图集适用于非抗震和抗震设防烈度为 6 至 9 度地区，抗震等级为一至四级和特一级的现浇混凝土框架、剪力墙、框架—剪力墙和框支剪力墙主体结构的施工图设计。

5. 本图集具体包括现浇混凝土柱、墙、梁三种通用构件的平法制图规则和通用构造详图两大部分内容。

平法制图规则，既是设计者完成柱、墙、梁平法施工图的依据，也是施工、监理人员准确理解和实施平法施工图的依据。本图集的通用构造详图为较为成熟的构造做法，选用后可作为与平法施工图配套使用的正式设计文件。

6. 本图集的制图规则和通用构造详图未包括的抗震及非抗震构造详图及其他未尽事项，应在具体设计中由设计者补充设计。

7. 本图集供建筑结构设计、施工、监理、造价等人员在具体工程中直接应用，并可供土建工程专业学生和研究人员学习参考。未经作者同意，任何单位或个人对平法原创作品进行抄袭、复制、改编等直接或间接的侵权行为，既违犯著作权法，又违背科技道德。

8. 关于本图集的全面解读，详见作者其他相应著作。对本图集使用过程中发现的问题或建议，请联系山东大学陈青来教授，邮箱：qlchen@sdu.edu.cn。

---

[1] 我国建筑结构领域的设计标准为代号开头为 GB 的各类设计、施工规范。

目　　录

第 1 章 总 则

第 1.0.1 条 平法制图规则和构造详图，是科研成果"建筑结构施工图平面整体设计方法"（平法）的主要内容。在建筑结构行业[1]推广应用平法，可提高设计和施工效益，节约建筑材料和资源，以规则化方式 保证设计与施工质量。

第 1.0.2 条 平法制图规则适用于各种抗震设防与非抗震设防的建筑结构施工图设计；本图集的平法制图规则适用于现浇混凝土结构的柱、剪力墙、梁等通用构件[2]的结构施工图设计。

第 1.0.3 条 当采用本制图规则与通用构造时，除按本图集规定外，还应符合国家现行有关标准、规范及规程的相关规定。

第 1.0.4 条 按平法设计绘制的结构施工图，均由各类构件的平法施工图和通用构造详图两大部分构成；对于复杂的工业与民用建筑结构，根据需要应增加模板、留洞和预埋件等平面图；在特殊情况下需增加截面配筋图辅助表达比较复杂的设计内容。

---

[1] "建筑结构行业"不仅限于国内，按不同国家结构设计规范完成的结构施工图设计，亦可采用平法制图规则（英文版）进行表达。
[2] 通用构件相对于特殊构件而言，系指构件截面、整体形状、配筋方式和构造做法诸方面相对规则且应用较为普遍的构件。关于特殊构件的平法制图规则与构造，详见平法特殊设计图集系列。

第 1.0.5 条 按平法制图规则设计绘制的结构施工图，应在分标准层设计的结构平面布置图上直接表示各类构件的平面位置、尺寸和配筋。出图时，宜按基础与地下室结构（建筑首层以下底部结构构件）、柱和剪力墙（竖向构件）、梁（水平构件）、板（平面构件）、楼梯（层间通道构件）、以及其他特殊构件的顺序排列（楼梯亦可在梁或板构件图中表达），与施工顺序基本一致。

第 1.0.6 条 按平法制图规则设计时，应将所有构件进行编号，编号中含有类型代号和序号等。其中，类型代号的主要作用是指明所选用的通用构造详图；在通用构造详图上，已按其所属构件类型注明代号，以明确该详图与平法施工图中相同构件的互补关系，使两者结合构成完整的结构设计。

第 1.0.7 条 按平法制图规则设计时，应采用表格或其他方式注明包括地下和地上各层的结构层楼(地)面标高、结构层高、相应的结构层号，以及对应各层相应构件的混凝土强度等级等。

结构层楼(地)面标高、结构层高和相应的结构层号在单项工程中必须统一，以保证各类构件按同一数值竖向定位。为施工方便，应将相应表格分别放在基础与地下室结构、柱、墙、梁等平法施工图中，且可根据情况在表中添加构件在相应高度位置的其他信息。

注：结构层楼（地）面标高系将建筑图中的各层地面和楼面标高值扣除建筑面层及垫层做法厚度后的标高，结构层号应与建筑楼层号对应一致。

第1.0.8条 在平面布置图上表示各类构件尺寸和配筋，分平面注写方式、列表注写方式和截面注写方式三种。

第1.0.9条 为方便设计表达和施工识图，规定结构平面的坐标方向为：

1. 当两向轴网正交布置时，图面从左至右为 X 向，从下至上为 Y 向；当轴网在某位置转向时，局部坐标方向顺轴网的转向角度做相应转动。转动后的坐标应加图示。

2. 当轴网向心布置时，切向为 X 向，径向为 Y 向。轴网向心布置坐标应加图示。

3. 对于平面布置比较复杂的区域，如轴网折转交界或向心布置的核心区域等，其平面坐标方向应由设计者另行规定并加图示。

第1.0.10条 当设计者选用本图集时，为确保施工人员准确无误地按平法施工图施工，在具体工程的结构设计总说明中应注明以下内容：

1. 注明设计所选用的平法通用图集号[1]。

2. 注明混凝土结构的使用年限。

3. 当有抗震设防要求时，应注明抗震设防烈度及结构类型的抗震等级，以明确选用相应抗震等级的通用构造详图；当无抗震设防要求时，也应注明，以明确选用非抗震的通用构造详图。

4. 注明各类构件在其所在部位所选用的混凝土的强度等级和钢筋级别，以确定相应纵向受拉钢筋的最小锚固长度及最小搭接长度等。

5. 当通用构造详图提供数种可供选择的构造做法时，注明在何部位选用何种构造做法。当未注明时，则为设计人员自动授权施工人员可任选一种构造做法进行施工。

6. 注明各类构件的钢筋需接长时采用的接头形式及相关要求，必要时尚应注明对钢筋的性能要求。

7. 注明混凝土结构暴露的环境类别[2]。

8. 当设置后浇带时，应注明后浇带的位置、先后浇筑的时间间隔和后浇混凝土的强度等级等特殊要求。

9. 关于分类构件在工程中的具体要求，应在相应构件的平法施工图中说明。当需要对某构件的通用构造详图作变更时，应注明变更的具体内容。

第1.0.11条 对构件中普通钢筋及预应力筋的混凝土保护层厚度、钢筋搭接和锚固长度，除在结构施工图中另有注明外，均按本图集通用构造详图的相关规定进行施工。

---

[1] 如本图集号为 C101-1（2012）。

[2] 暴露的环境是指混凝土结构表面所处的环境。

第 2 章 柱平法施工图制图规则

第 1 节 柱平法施工图的表示方法

第 2.1.1 条 柱平法施工图系在柱平面布置图上采用**列表注写方式**或**截面注写方式**表达。

第 2.1.2 条 柱平面布置图,可采用适当比例单独绘制,也可与剪力墙平面布置图合并绘制。

第 2.1.3 条 在柱平法施工图中,应按总则中的规定注明各**结构层的楼面标高、结构层高及相应的结构层号**。当采用地下室结构时,应注明框架柱在**结构计算嵌固端**的位置[1]。

第 2 节 柱列表注写方式

第 2.2.1 条 柱列表注写方式,系在柱平面布置图上(一般只需采用适当比例绘制一张包括框架柱、框支柱、普通梁上柱和剪力墙上柱的柱平面布置图),分别在几何尺寸与配筋相同的柱中选择一个截面标注柱号和几何参数代号;在**柱表**中注写对应柱号的柱段起止标高、几何尺寸(含柱截面对轴线的偏心尺寸)与配筋具体

[1] 结构计算嵌固端的位置可在表格中采用双横线直观示意。

数值,并配以各种柱截面形状及箍筋类型图来表达柱平法施工图。

第 2.2.2 条 柱表注写的内容,规定如下:

1. 注写柱编号,柱编号由类型代号和序号组成,应符合表 2.2.2 的规定。

表 2.2.2

柱 编 号		
柱 类 型	代 号	序 号
框 架 柱	KZ	xx
框 支 柱	KZZ	xx
芯 柱	XZ	xx
普通梁上柱	LZ	xx
普通墙上柱	QZ	xx

注:编号时,当柱的总高、分段截面尺寸和配筋均对应相同,仅分段截面与轴线的关系不同时,仍可将其编为同一柱号。

2. 注写各段柱的起止标高,自柱根部往上以变截面位置或截面未变但配筋改变处为界分段注写。框架柱和框支柱的根部标高系指基础顶面标高或主体结构计算嵌固位置的标高;芯柱的根部标高系指其起始位置的标高;普通梁上柱[2]的根部标高系指梁顶面标高;普通墙上柱的根部标高分两种:当设计柱纵筋锚固在墙顶部时,其

[2] 普通梁上柱和普通墙上柱,系指局部采用的数量较少的梁上起柱和墙顶起柱,其不同于由结构转换层结构构件所支承的柱。结构转换层结构构件及所支承柱的制图规则和构造,将收入平法特殊设计系列通用图集。

根部标高为墙顶面标高；当柱与剪力墙重叠一层时，其根部标高为墙顶面往下一层的结构层楼面标高。

3. 注写柱截面尺寸 $b×h$ 及与轴线关系的几何参数代号 b_1、b_2 和 h_1、h_2 的具体数值，须对应于各段柱分别注写。其中 $b=b_1+b_2$，$h=h_1+h_2$。当截面的某一边收缩变化至与轴线重合或偏到轴线的另一侧时，b_1、b_2、h_1、h_2 中的某项为零或为负值。

对于圆柱，表中 $b×h$ 一栏改用在圆柱直径数字前加 d 表示。为表达简单，圆柱截面与轴线的关系也用 b_1、b_2 和 h_1、h_2 表示，并使 $d=b_1+b_2=h_1+h_2$。

根据框架柱延性需要在柱内部一定高度范围设置的芯柱，其截面尺寸按通用构造详图施工，设计不注；芯柱与框架柱截面按固定比例定位于柱中心位置，设计不需注写几何尺寸及与轴线的关系。

4. 注写柱纵筋，分角筋、截面 b 边中部筋和 h 边中部筋三项(对于采用对称配筋的矩形截面柱，可仅注写一侧中部筋，对称边省略不注)。当为圆柱时，表中角筋一栏注写圆柱的全部纵筋。当配置芯柱时，表中芯柱纵筋一栏注写芯柱的全部纵筋。

5. 注写箍筋类型号及箍筋双向肢数，在箍筋类型栏内注写按第 2.2.3 条规定绘制的柱截面形状及箍筋类型号（芯柱箍筋类型不注）。

6. 注写柱箍筋，包括钢筋级别、直径与间距。当为抗震设计时，用斜线"/"区分柱端箍筋加密区与柱身非加密区范围箍筋的不同间距；加密区范围见通用构造详图。当柱节点核芯区与加密区箍筋配置不同时[1]，将其注写在括号"（）"内。

【例】$\phi10@100/250$，表示箍筋为 HPB300 强度等级，直径 $\phi10$，加密区间距为 100，非加密区间距为 250。

当箍筋沿柱全高为一种间距时，则不使用"/"线。

【例】$\phi10@100$，表示箍筋为 HPB300 强度等级，直径 $\phi10$，间距为 100，沿柱全高加密。

当圆柱采用螺旋箍筋时，需在箍筋前加"L"。

【例】$L\phi10@100/200$，表示采用螺旋箍筋， HPB300 强度等级，直径 $\phi10$，加密区间距为 100，非加密区间距为 200。

注：当柱（包括芯柱）纵筋采用搭接连接，且为抗震或非抗震设计时，箍筋应在柱纵筋搭接长度范围内按规范的相应要求加密。

第 2.2.3 条 具体工程所设计的各种箍筋类型图以及箍筋复合的具体方式，须画在柱表的上部或图中的适当位置，并在其上标注与表中相对应的 b、h 和编上类型号。

注：当为抗震设计时，确定箍筋肢数应满足对柱纵筋"隔一拉一"以及箍筋肢距的要求。

第 2.2.4 条 图 2.2.4 为采用列表注写方式表达的柱平法施工图示例。

---

[1] 现行规范规定框架柱节点核芯区配置普通复合箍时的最小体积配箍率，与相邻框架柱端抗震加密区最小体积配箍率相比较，当柱轴压比小于 0.45 时则大，而大于 0.45 时却减小，与强节点弱杆件的抗震构造原则相悖；建议当柱轴压比较高时，框架节点核芯区箍筋配置与柱端抗震加密区箍筋相同。

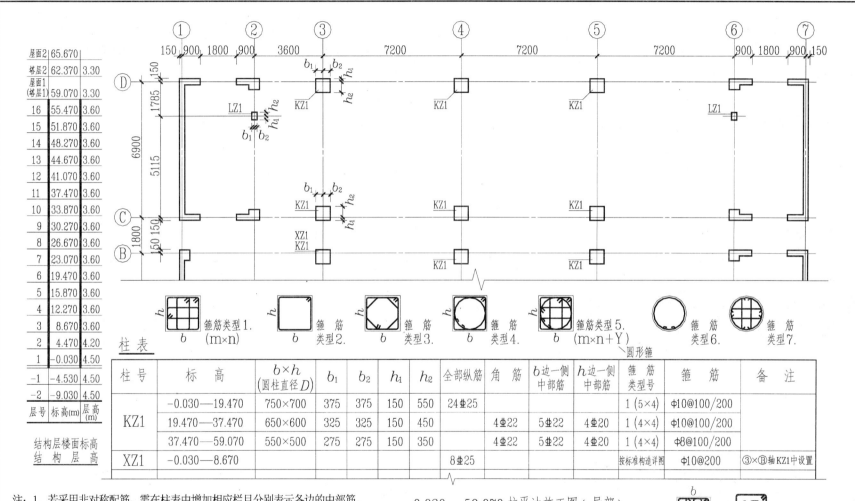

柱表

结构层楼面标高
结构层高

屋面2	65.670	
塔层2	62.370	3.30
屋面1(塔层1)	59.070	3.30
16	55.470	3.60
15	51.870	3.60
14	48.270	3.60
13	44.670	3.60
12	41.070	3.60
11	37.470	3.60
10	33.870	3.60
9	30.270	3.60
8	26.670	3.60
7	23.070	3.60
6	19.470	3.60
5	15.870	3.60
4	12.270	3.60
3	8.670	3.60
2	4.470	4.20
1	-0.030	4.50
-1	-4.530	4.50
-2	-9.030	4.50
层号	标高(m)	层高(m)

箍筋类型1. (m×n)
箍筋类型2.
箍筋类型3.
箍筋类型4.
箍筋类型5. (m×n+Y)
箍筋类型6. 圆形箍
箍筋类型7.

柱号	标高	$b×h$ (圆柱直径D)	b_1	b_2	h_1	h_2	全部纵筋	角筋	b边一侧中部筋	h边一侧中部筋	箍筋类型号	箍筋	备注
KZ1	-0.030—19.470	750×700	375	375	150	550	24Φ25				1 (5×4)	Φ10@100/200	
	19.470—37.470	650×600	325	325	150	450		4Φ22	5Φ22	4Φ20	1 (4×4)	Φ10@100/200	
	37.470—59.070	550×500	275	275	150	350		4Φ22	5Φ22	4Φ20	1 (4×4)	Φ8@100/200	
XZ1	-0.030—8.670						8Φ25				按标准构造详图	Φ10@200	③×⑧轴KZ1中设置

-0.030—59.070 柱平法施工图（局部）
（框架柱计算嵌固端位置为-0.030，见左表双横线所示）

箍筋类型1(5×4)

注: 1. 若采用非对称配筋，需在柱表中增加相应栏目分别表示各边的中部筋。
　　2. 抗震设计时箍筋对纵筋至少隔一拉一。
　　3. 类型1的箍筋肢数可有多种组合，右图为5×4的组合（平行于Y向肢数×平行于X向肢数），其余类型为固定形式，在表中仅注类型号即可。

第3节　柱截面注写方式

第 2.3.1 条　柱截面注写方式，系在分标准层绘制的柱平面布置图上，分别在同一编号的柱中选择一个，以直接注写截面尺寸和配筋具体数值的方式表达柱平法施工图。

第 2.3.2 条　对所有柱截面按第2.2.2条1款的规定进行编号，从相同编号的柱中选择一个截面，按另一种比例原位放大绘制柱截面的实际配筋图，并在配筋图上继其编号后再注写截面尺寸 $b \times h$、角筋或全部纵筋（当纵筋采用同一种直径且布筋图示清楚时）、箍筋的具体数值（箍筋的注写方式及对柱纵筋搭接长度范围的箍筋间距要求同第2.2.2条第6款），以及在柱截面配筋图上标注柱截面与轴线关系 b_1、b_2、h_1、h_2 的具体数值。

当纵筋采用两种直径时，须再注写截面各边中部筋的具体数值（对于采用对称配筋的矩形截面柱，可仅在一侧注写中部筋，对称边省略不注）。

当配置芯柱时，继芯柱编号后注写全部纵筋、箍筋的具体数值；芯柱截面尺寸按构造确定，并按通用构造详图施工，设计不注；当设计者采用与本构造详图不同的做法时，应另行注明。

第 2.3.3 条　在截面注写方式中，如柱的分段截面尺寸和配筋均相同，仅分段截面与轴线的关系不同时，可将其编为同一柱号。

但此时应在未画配筋的柱截面上注写该柱截面与轴线关系发生变化的具体尺寸。

第 2.3.4 条　图 2.3.4 为采用截面注写方式表达的柱平法施工图示例。

第4节　其　他

第 2.4.1 条　在柱平法施工图中，应按第 1.0.8 条的规定编制"结构层楼面标高和结构层高表"（表中可增加混凝土强度等级等栏目），根据柱平法施工图所表达的柱高范围，将表中竖向细线做相应加粗处理，简明、清晰地直观表达柱所在楼层的竖向定位。

当采用地下室结构时，除应注明框架柱在**结构计算嵌固端**的位置外，宜在"结构层楼面标高和结构层高表"的对应位置绘制嵌固端示意符号。

第 2.4.2 条　当按第 2.1.2 条的规定绘制柱平面布置图时，若局部区域发生重叠、过挤现象，可在该区域采用另外一种比例绘制予以消除。

第 2.4.3 条　当柱与填充墙需要拉结时，其构造详图应由设计者根据墙体材料特性并遵照规范要求设计绘制。

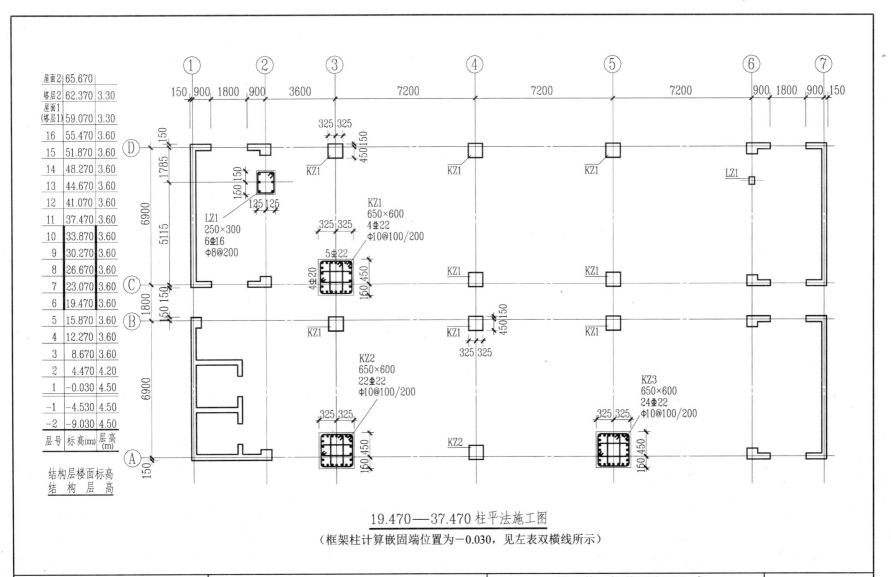

层号	标高(m)	层高(m)
屋面2	65.670	
塔层2	62.370	3.30
屋面1(塔层1)	59.070	3.30
16	55.470	3.60
15	51.870	3.60
14	48.270	3.60
13	44.670	3.60
12	41.070	3.60
11	37.470	3.60
10	33.870	3.60
9	30.270	3.60
8	26.670	3.60
7	23.070	3.60
6	19.470	3.60
5	15.870	3.60
4	12.270	3.60
3	8.670	3.60
2	4.470	4.20
1	-0.030	4.50
-1	-4.530	4.50
-2	-9.030	4.50

结构层楼面标高
结 构 层 高

KZ1
650×600
4Φ22
Φ10@100/200

LZ1
250×300
6Φ16
Φ8@200

KZ2
650×600
22Φ22
Φ10@100/200

KZ3
650×600
24Φ22
Φ10@100/200

19.470—37.470柱平法施工图
（框架柱计算嵌固端位置为−0.030，见左表双横线所示）

第3章 剪力墙平法施工图制图规则

第1节 剪力墙平法施工图的表示方法

第3.1.1条 剪力墙平法施工图系在剪力墙平面布置图上采用列表注写方式或截面注写方式表达。

第3.1.2条 剪力墙平面布置图可采用适当比例单独绘制,也可与柱或梁平面布置图合并绘制。当剪力墙较复杂或采用截面注写方式时,应按标准层分别绘制剪力墙平面布置图。

第3.1.3条 在剪力墙平法施工图中,应按总则中的规定注明各结构层的**楼面标高、结构层高及相应的结构层号**。当采用地下室结构时,应注明剪力墙在**结构计算嵌固端**的位置。

第3.1.4条 对于轴线未居中的剪力墙(包括端柱),应标注偏心定位尺寸。

第2节 墙列表注写方式

第3.2.1条 为表达清楚、简便,剪力墙可视为由剪力墙柱、剪力墙身[1]和剪力墙梁三类构件构成。

墙列表注写方式,系分别在**剪力墙柱表、剪力墙身表和剪力墙梁表**中,对应于剪力墙平面布置图上的编号,采用在截面配筋图上注写几何尺寸与配筋具体数值的方式,表达剪力墙平法施工图。

第3.2.2条 编号规定:将剪力墙结构按剪力墙柱、剪力墙身、剪力墙梁(简称为墙柱、墙身、墙梁)三类构件分别编号,

1. 墙柱编号,由墙柱类型、代号和序号组成,表达形式见表3.2.2-1。

墙 柱 编 号

表3.2.2-1

墙柱类型[2]		代 号	序 号
约束边缘构件	约束边缘暗柱	YAZ	xx
	约束边缘翼墙柱	YYZ	xx
	约束边缘转角墙柱	YJZ	xx
	约束边缘端柱	YDZ	xx
构造边缘构件	构造边缘暗柱	GAZ	xx
	构造边缘翼墙柱	GYZ	xx
	构造边缘转角墙柱	GJZ	xx
	构造边缘端柱	GDZ	xx
其他	非边缘暗柱	AZ	xx
	扶 壁 柱	FBZ	xx

注:1. 在墙柱编号中:如遇若干墙柱截面尺寸与配筋相同,仅截面与轴线

---

[1] 剪力墙柱、剪力墙身为非独立构件,二者均不能单独受力和变形。墙柱与墙身完全浇筑在一起,共同形成抗震剪力墙。

[2] 同类构件的截面与配筋形式不同,应按同类构件的不同类型给予不同代号。

关系不同时，可将其编为同一墙柱号；

2. 同层内墙柱箍筋配置（直径与间距等）应保持一致。抗震框架柱在柱上端与柱下端设置箍筋加密区的做法，不适用于剪力墙柱；

3. 当剪力墙平面外支承梁，且要求梁端与剪力墙刚性连接，而剪力墙厚度不能满足梁端纵筋直线锚固段长度时，可设置扶壁柱予以满足。

2. 墙身编号[1]，由墙身代号、序号以及墙身所配置的水平与竖向分布钢筋的排数组成，其中，排数注写在括号内，见表3.2.2-2。

墙　身　编　号 　　　　　　　　　　　　表 3.2.2-2

墙　身　代　号	序　　号	分布钢筋排数
Q	xx	（x 排）

注：1. 在墙身编号中：如遇若干墙身厚度尺寸和配筋相同，仅墙身长度不同或墙厚与轴线关系不同时，可将其编为同一墙身编号；

2. 墙身分布钢筋网的排数规定为：抗震：当剪力墙厚度不大于 400 时，应配置双排；当剪力墙厚度大于 400，但不大于 700 时，宜配置三排；当剪力墙厚度大于 700 时，宜配置四排；非抗震：当剪力墙厚度大于 160 时，应配置双排；结构中重要部位的剪力墙，当其厚度不大于 160 时，宜配置双排；

3. 各排水平分布钢筋和竖向分布钢筋的直径与间距宜分别保持一致；剪力墙拉筋两端应同时钩住外排水平纵筋和竖向纵筋，当分布钢筋网多于两排时，还应与内排水平纵筋和竖向纵筋绑扎在一起。

3. 墙梁编号，由墙梁类型代号和序号组成，见表3.2.2-3。

墙　梁　编　号 　　　　　　　　　　　　表 3.2.2-3

墙梁类型[2]	代　　号	序号	特　　征
Ⅰ 型连梁	LL—Ⅰ	xx	跨高比>2.5 但≤5，配置梁纵筋与箍筋
Ⅱ 型连梁	LL—Ⅱ	xx	跨高比>5，梁本体配筋可同框架梁
Ⅲ 型连梁	LL—Ⅲ	xx	跨高比≤2.5，梁宽≥250 增设交叉斜筋
Ⅳ 型连梁	LL—Ⅳ	xx	跨高比≤2.5，梁宽≥400 增集中对角斜筋
Ⅴ 型连梁	LL—Ⅴ	xx	跨高比≤2.5，梁宽≥400 增设对角暗撑
双连梁	LL—X/Y	xx	将高连梁转换为以水平缝分隔的多连梁组合，X、Y 各可为 Ⅰ~Ⅴ
暗　梁	AL	xx	暗梁高度通常为墙厚的 2 倍
边框梁	BKL	xx	通常与端柱配合用于框架—剪力墙结构
框支梁	KZL	xx(x)	与框支柱配合，括号内为跨数

注：1. Ⅰ、Ⅱ 型连梁与 Ⅲ、Ⅳ 和 Ⅴ 型连梁在配筋方面的区别为不配置交叉斜筋或交叉暗撑，在几何尺寸上的区别为跨高比>2.5；

2. 跨高比大于 5 的 Ⅱ 型连梁，通常在多、高层住宅建筑中与短肢剪力墙配合使用，Ⅱ 型连梁的本体配筋可按框架梁，但梁端部锚固构造及侧面筋的设置层面与 Ⅰ 型连梁相同；

3. 跨高比较小的高连梁，可设水平缝形成双连梁（或多连梁），具体表达方式见第3.2.5条；

4. 当剪力墙身需设置暗梁或边框梁时，宜在剪力墙平法施工图中绘制

---

[1] 剪力墙身与墙柱共同构建抗震剪力墙，由于墙身端部与墙柱本体完全浇筑在一起，二者均不能单独受力和变形，故墙身与墙柱各自为非独立构件。

[2] 剪力墙梁包括独立构件和非独立构件两种。暗梁、边框梁、框支梁本体与剪力墙浇筑在一起，不能独自受力和变形，故为非独立构件。

暗梁或边框梁的平面布置示意简图，并标注编号以明确其设置长度范围（长度宜标注总长度尺寸但不适合以跨数表达）；

5. 框支梁位于不落地剪力墙凌空底端，其本体受力状态为偏心受拉，应注意其与梁类构件受弯且同时受剪的受力状态完全不同，因此，将其归入墙梁类而不是归入梁类，可避免概念混淆。

第 3.2.3 条 在剪力墙柱表中表达的内容，规定如下：

1. 注写墙柱编号(见表 3.2.2-1)并绘制截面配筋图。此外：

(1) 对于约束边缘和构造边缘端柱 需增加标注几何尺寸 $b_c \times h_c$。约束边缘端柱在墙身部分的几何尺寸按通用构造详图取值，设计不注。当设计者采用与构造详图不同的做法时，应另行注明。

现行规范对端柱的尺寸要求，见图 3.2.3-1。

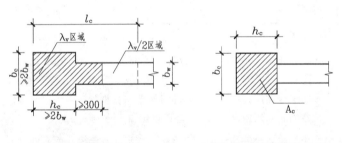

(a) 约束边缘端柱 YDZ　　　(b) 构造边缘端柱 GDZ

图 3.2.3-1 现行规范对端柱的尺寸要求

(2) 对于约束边缘和构造边缘暗柱、约束边缘和构造边缘翼墙

柱、约束边缘和构造边缘转角墙柱，其几何尺寸相应通用构造详图取值，设计不注。当设计者采用与构造详图不同的做法时，应另行注明。

现行规范对各墙柱的尺寸要求，见图 3.2.3-2。

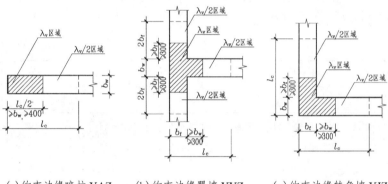

(a) 约束边缘暗柱 YAZ　　(b) 约束边缘翼墙 YYZ　　(c) 约束边缘转角墙 YJZ

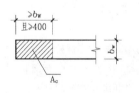　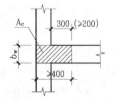　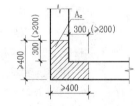

(d) 构造边缘暗柱 GAZ　　(e) 构造边缘翼墙 GYZ　　(f) 构造边缘转角墙 GJZ

图 3.2.3-2 现行规范对暗柱、翼墙、转角墙的尺寸要求

注：构造边缘构件图 e、f 中括号内尺寸用于建筑高度≤24m 的多层结构。

(3) 对于非边缘暗柱和扶壁柱,需分别增加标注截面几何尺寸。

2. 注写各段墙柱起止标高,自墙柱根部往上以变截面位置或截面未变但配筋改变处为界分段注写。墙柱根部标高系指基础顶面标高或结构计算嵌固位置标高[1];如为框支剪力墙结构则为框支梁顶面标高。

3. 注写各段墙柱纵向钢筋和箍筋,注写值应与表中绘制的截面配筋图相应一致。纵向钢筋注总配筋值(约束边缘墙柱λ_v阴影区与$\lambda_v/2$非阴影区的纵向钢筋总配筋值应分别注写);墙柱阴影区箍筋[2]的注写方式除无柱端箍筋加密区外与柱箍筋注写相同;约束边缘墙柱非阴影区通常仅设拉筋与剪力墙水平筋相复合来满足配箍特征值;当在非阴影区设置箍筋[3]时,应加原位引注。

墙柱纵向钢筋在搭接长度范围内的箍筋直径与间距要求,详见通用构造。

第3.2.4条 在剪力墙身表中表达的内容,规定如下:

1. 注写墙身编号,包括水平分布筋与竖向分布筋排数,见表3.2.2-2。

2. 注写各段墙身起止标高,自墙身根部往上以变截面位置或截面未变但配筋改变处为界分段注写。墙身根部标高系指基础顶面标高或结构计算嵌固位置标高,当为框支剪力墙结构时则为框支梁顶面标高。

3. 注写水平分布筋、竖向分布筋和拉筋的具体数值。注写数值为一排水平分布筋和竖向分布筋的规格与间距(具体设置几排已在墙身编号后表达);拉筋应注明布置方式为“双向”或为“梅花双向”(梅花双向宜为偶数间隔以便均匀布置)。

施工应注意: 当墙身端部为约束边缘墙柱时,墙身竖向分布筋从非阴影区以外距区内纵筋1/2间距开始设置;非阴影区内纵筋直径通常采用墙身竖向分布筋,但其总根数由满足非阴影区配箍特征值的拉筋肢数而定,故其分布间距可能与墙身不同,且其在剪力墙柱表中而不在墙身表中表达;当墙身端部为构造边缘墙柱时,墙身竖向分布筋从阴影区以外距区内纵筋1/2间距开始设置。

第3.2.5条 在剪力墙梁表中表达的内容,规定如下:

1. 注写墙梁编号,见表3.2.2-3。

(1) 当为改变连梁跨高比较小状况[4]而采用双连梁或多连梁时,

---

[1] 墙柱与墙身在结构计算嵌固位置以下部分,可归入地下室结构表达。
[2] 剪力墙柱的受力状态与框架柱不同,箍筋构造亦不同;同层墙柱箍筋不设柱端加密区。
[3] 非阴影区的配箍特征值为$\lambda_v/2$(λ_v为墙柱阴影区的配箍特征值),通常由剪力墙水平筋与拉筋相复合满足$\lambda_v/2$要求,当不能满足时,可增设箍筋。

---

[4] 当连梁跨高比较小刚度较大,进行抗震墙地震内力计算时,连梁实现的强度可能无法满足其内力要求,此时需折减连梁刚度进行计算以满足抗力大于作用效应的基本原则。采用双连梁或多连梁则可改善此类状况。

双连梁注写为："LL—类型代号/类型代号xx"，其中类型代号按连梁位置从高位到低位依次注写；当采用多连梁时，同样以"/"线分隔从高位到低位依次注写。

(2) 当具体工程采用本图集未包括的新型配筋方式的连梁时，可从 VI 型起，接续命名新型连梁代号。

2. 注写墙梁所在楼层号。

3. 注写墙梁截面尺寸 $b×h$。当为双连梁时，注写 $b×h_u/gxxx/h_l$，其中，h_u 为高位连梁截面高度，gxxx 为以 g 引导的上下连梁的竖向间隔尺寸，h_l 为低位连梁截面高度。

【例】双连梁截面尺寸：$300×600/g300/600$，表示高位和低位连梁截面宽度为 300mm，高度均为 600mm，连梁竖向间隔为 300mm。

4. 注写上部通长纵筋与非通长纵筋，下部通长纵筋、侧面纵筋、箍筋与拉筋的具体数值。其中：

(1) 对于跨高比大于 5 的 II 型连梁，其本体配筋形式可按框架梁，即可同时设置梁上部通长筋与梁端上部非通长筋，且其箍筋间距可按抗震框架梁分加密区与非加密区以"/"线区分，具体详见第 4 章梁制图规则。

(2) 现行规范关于连梁侧面纵筋的构造规定，与剪力墙水平分布筋的构造规定差别较大，为满足规范要求，通常情况下应注明连梁侧面纵筋（以大写字母 G 打头注写）；当设计者经比较后，确定可将剪力墙水平分布筋作为连梁侧面纵筋时，可在表中注明"同 Qxx 水平分布筋"，亦可不注。

(3) 对于连梁拉筋，可按本图集构造详图的相应构造施工，表中不注，当具体设计有特殊要求时，应在表中注明。

(4) 当为双连梁，且高、低位连梁配筋不同时，则先高位后低位，分别以"高位"、"低位"引导依次注写；当高、低位连梁配筋相同时，则以"高位和低位"引导一次注写。

5. 注写连梁特殊配筋值，以汉字引导进行注写。

连梁特殊配筋有折线筋、对角斜筋、集中对角斜筋、交叉暗撑等，注写形式均为："nΦxx×2"（交叉暗撑尚需加注箍筋），其中 n 为 1 组钢筋的根数，×2 表示均设置 2 组相交叉；在同一位置开始平行设置且形状、走向相同的钢筋为 1 组。

各型连梁的具体注写方式如下：

(1) III 型连梁（梁宽不小于 250mm）设置折线筋和对角斜筋。上部折线筋位于连梁上部第 2 排，分别在跨中向下弯折交叉；下部折线筋位于连梁下部第 2 排，分别在跨中向上弯折交叉；对角斜筋在连梁中点交叉；注写形式均为 nΦxx×2。

【例】III 型连梁注写："上部折线筋：2Φ25×2；下部折线筋：2Φ25×2；对角斜筋：1Φ25×2"；表示上部折线筋每组 2 根设 2 组（均在跨中向下弯折交叉），总数 4 根；下部折线筋每组 2 根设 2 组（均在跨中向上弯折交叉），总数 4 根；对角斜筋每组 1 根设 2 组（在中点交叉），总数 2 根。

（2）IV 型连梁（梁宽不小于 400mm）设置集中对角斜筋。以相互平行的 n 根（通常采用 4 根）钢筋为 1 组，设置 2 组相互交叉，注写形式为 n⾦xx×2。

【例】 IV 型连梁注写："集中对角斜筋：4⾦25×2"，表示每组 4 根，设置 2 组相互交叉，总数 8 根。

（3）V 型连梁（梁宽不小于 400mm）设置交叉暗撑，注写形式为 n⾦xx×2，n 为一根暗撑的全部纵筋（通常采用 4 根），×2 表明有两根暗撑相互交叉，以及箍筋的数值（用斜线分隔暗撑箍筋加密区与非加密区的不同间距）。暗撑截面尺寸按构造确定，并按构造详图施工，设计不注；当设计者采用与本构造详图不同的做法时，应另行注明。

【例】 注写："交叉暗撑：4⾦25×2 ⾦8@100/150"，表示每根暗撑设置 4 根直径 25mm 纵筋，箍筋直径 8mm，加密与非加密间距分别为 100mm 和 150mm，2 根暗撑相互交叉。

（4）当为双连梁，且高、低位连梁的特殊配筋不同时，则在其普通配筋之后，分别接续注写特殊配筋；当高、低位连梁的特殊配筋相同时，则在其普通配筋之后一次注写。

6. 注写墙梁顶面标高高差，系指相对于墙梁所在结构层楼面标高的高差值（双连梁或多连梁仅需注写高位连梁顶面高差值），

高于者为正值，低于者为负值；此为选注值，当无高差时不注。

施工时应注意：设置在墙顶部的各类型连梁，其箍筋构造和交叉暗撑、交叉钢筋等构造与非顶部的连梁有所不同，应按各自相应的构造详图施工。

第 3.2.6 条 图 3.2.6-1、图 3.2.6-2 和图 3.2.6-3 为采用列表注写方式分别表达的剪力墙墙梁、墙身和墙柱平法施工图示例。

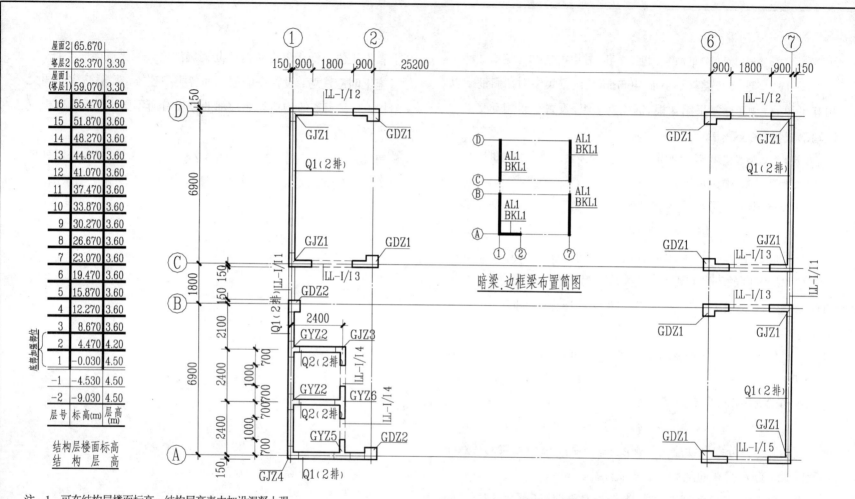

层号	标高(m)	层高(m)
屋面2	65.670	
塔层2	62.370	3.30
屋面1(塔层1)	59.070	3.30
16	55.470	3.60
15	51.870	3.60
14	48.270	3.60
13	44.670	3.60
12	41.070	3.60
11	37.470	3.60
10	33.870	3.60
9	30.270	3.60
8	26.670	3.60
7	23.070	3.60
6	19.470	3.60
5	15.870	3.60
4	12.270	3.60
3	8.670	3.60
2	4.470	4.20
1	-0.030	4.50
-1	-4.530	4.50
-2	-9.030	4.50
层号	标高(m)	层高(m)

结构层楼面标高
结 构 层 高

底部加强部位

暗梁,边框梁布置简图

−0.030—59.070剪力墙平法施工图

（剪力墙计算嵌固端位置为−0.030，见左表双横线所示）

注：1. 可在结构层楼面标高、结构层高表中加设混凝土强
   度等级等栏目。
   2. 剪力墙梁表、剪力墙身表和剪力墙柱表见下两页。

剪 力 墙 梁 表

编 号	所在楼层号	梁顶相对标高高差	截面$b \times h$或$b \times h_w/g$xxx$/h_t$	上部纵筋；下部纵筋（高位／低位）	侧面纵筋	箍 筋	备 注
LL-I/I 1	2-9	高位： 0.800	300×600 /g800 / 600	4Φ20; 4Φ18 / 4Φ18; 4Φ20	同墙身水平筋	Φ10@100(2)	
	10-16	高位： 0.800	250×600 /g800 / 600	3Φ20; 3Φ18 / 3Φ18; 3Φ20	同墙身水平筋	Φ10@100(2)	
	屋面1	高位：无高差	250×500 /g200 / 500	3Φ20; 3Φ18 / 3Φ18; 3Φ20	同墙身水平筋	Φ10@100(2)	
LL-I/I 2	3	高位：-1.200	300×700 /g1120 / 700	4Φ20; 4Φ18 / 4Φ18; 4Φ20	同墙身水平筋	Φ10@150(2)	
	4	高位：-0.900	300×700 /g670 / 700	4Φ20; 4Φ18 / 4Φ18; 4Φ20	同墙身水平筋	Φ10@150(2)	
	5-9	高位：-0.900	300×700 /g370 / 700	4Φ20; 4Φ18 / 4Φ18; 4Φ20	同墙身水平筋	Φ10@150(2)	
	10-屋面1	高位：-0.900	250×700 /g370 / 700	3Φ20; 3Φ18 / 3Φ18; 3Φ20	同墙身水平筋	Φ10@150(2)	
LL-I/I 3	2	高位：无高差	300×700 /g670 / 700	4Φ20; 4Φ18 / 4Φ18; 4Φ20	同墙身水平筋	Φ10@100(2)	
	3	高位：无高差	300×700 /g370 / 700	4Φ20; 4Φ18 / 4Φ18; 4Φ20	同墙身水平筋	Φ10@100(2)	
	4-9	高位：无高差	300×500 /g170 / 500	4Φ20; 4Φ18 / 4Φ18; 4Φ20	同墙身水平筋	Φ10@100(2)	
	10-屋面1	高位：无高差	250×500 /g170 / 500	3Φ20; 3Φ18 / 3Φ18; 3Φ20	同墙身水平筋	Φ10@100(2)	
LL-I/I 4	2	高位：无高差	250×400 /g1270 / 400	3Φ18; 3Φ16 / 3Φ16; 3Φ18	同墙身水平筋	Φ10@120(2)	
	3	高位：无高差	250×400 /g970 / 400	3Φ18; 3Φ16 / 3Φ16; 3Φ18	同墙身水平筋	Φ10@120(2)	
	4-屋面1	高位：无高差	250×400 /g370 / 400	3Φ20; 3Φ18 / 3Φ18; 3Φ20	同墙身水平筋	Φ10@120(2)	
AL1	2-9		300×600	3Φ20; 3Φ20	同墙身水平筋	Φ8@250(2)	
	10-16		250×500	3Φ18; 3Φ18	同墙身水平筋	Φ8@250(2)	
BKL1	屋面1		500×750	4Φ20; 4Φ20	同墙身水平筋	Φ8@250(2)	

剪 力 墙 身 表

编 号	标 高	墙厚	水平分布筋	垂直分布筋	拉 筋	备 注
Q1（2排）	-0.030—30.270	300	Φ12@200	Φ12@200	Φ6@600@600双向	
	30.270—59.070	250	Φ10@200	Φ10@200	Φ6@600@600双向	
Q2（2排）	-0.030—30.270	250	Φ10@200	Φ10@200	Φ6@600@600双向	
	30.270—59.070	200	Φ10@200	Φ10@200	Φ6@600@600双向	

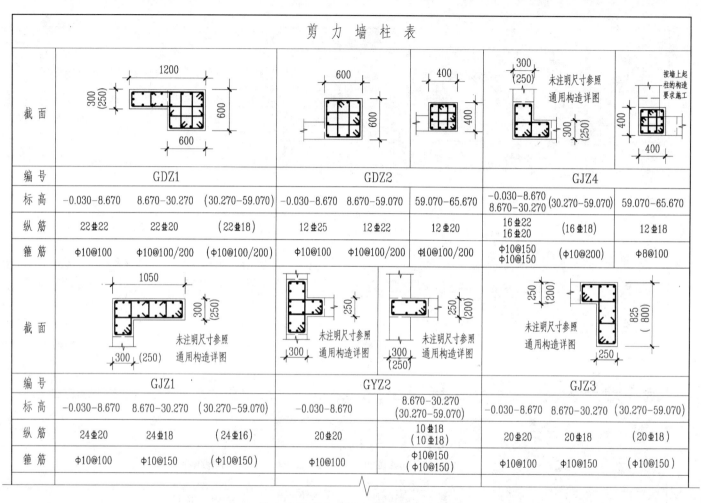

剪 力 墙 柱 表

层号	标高(m)	层高(m)
屋面2	65.670	
塔层2	62.370	3.30
屋面1(塔层1)	59.070	3.30
16	55.470	3.60
15	51.870	3.60
14	48.270	3.60
13	44.670	3.60
12	41.070	3.60
11	37.470	3.60
10	33.870	3.60
9	30.270	3.60
8	26.670	3.60
7	23.070	3.60
6	19.470	3.60
5	15.870	3.60
4	12.270	3.60
3	8.670	3.60
2	4.470	4.20
1	-0.030	4.50
-1	-4.530	4.50
-2	-9.030	4.50

底部加强部位

结构层楼面标高
结构层高

编 号	GDZ1			GDZ2			GJZ4		
标 高	-0.030-8.670	8.670-30.270	(30.270-59.070)	-0.030-8.670	8.670-59.070	59.070-65.670	-0.030-8.670 8.670-30.270	(30.270-59.070)	59.070-65.670
纵 筋	22⊈22	22⊈20	(22⊈18)	12⊈25	12⊈22	12⊈20	16⊈22 16⊈20	(16⊈18)	12⊈18
箍 筋	Φ10@100	Φ10@100/200	(Φ10@100/200)	Φ10@100	Φ10@100/200	Φ10@100/200	Φ10@150 Φ10@150	(Φ10@200)	Φ8@100

编 号	GJZ1			GYZ2		GJZ3		
标 高	-0.030-8.670	8.670-30.270	(30.270-59.070)	-0.030-8.670	8.670-30.270 (30.270-59.070)	-0.030-8.670	8.670-30.270	(30.270-59.070)
纵 筋	24⊈20	24⊈18	(24⊈16)	20⊈20	10⊈18 (10⊈18)	20⊈20	20⊈18	(20⊈18)
箍 筋	Φ10@100	Φ10@150	(Φ10@150)	Φ10@100	Φ10@150 (Φ10@150)	Φ10@100	Φ10@150	(Φ10@150)

-0.030—65.670剪力墙平法施工图 (部分剪力墙柱表)

(剪力墙计算嵌固端位置为-0.030,见左表双横线所示)

第3节 墙截面注写方式

第 3.3.1 条 墙截面注写方式，系在分标准层绘制的剪力墙平面布置图上，直接在墙柱、墙身、墙梁上，原位注写截面尺寸和配筋具体数值的方式，来表达剪力墙平法施工图。

第 3.3.2 条 选用适当比例原位放大绘制剪力墙平面布置图，其中对墙柱绘制配筋截面图；对所有墙柱、墙身、墙梁分别按第3.2.2 条的规定进行编号，并分别在相同编号的墙柱、墙身、墙梁中选择一根墙柱、一道墙身、一根墙梁进行注写，注写方式按以下规定：

1. 墙柱注写：从相同编号的墙柱中选择一个截面，标注全部纵筋及箍筋的具体数值，箍筋的表达方式同柱箍筋（但同一柱在同一标准层内应采用同一箍筋间距[1]）；当所配置的墙柱箍筋不能满足纵筋搭接长度范围的箍筋加密要求时，应在纵筋搭接范围按相应规定加密。

对于约束边缘端柱 YDZ 和构造边缘端柱 GDZ、约束边缘暗柱 YAZ 和构造边缘暗柱 GAZ、约束边缘翼墙柱 YYZ 和构造边缘翼墙柱 GYZ、约束边缘转角墙柱 YJZ 和构造边缘转角墙柱 GJZ、非边缘暗柱 AZ 和扶壁柱 FBZ，需分别增加标注截面几何尺寸，具体要求详见第3.2.3 条第1款各项。

2. 墙身注写：从相同编号的墙身中选择一道墙身，按顺序引注的内容为：墙身编号（包括注写在括号内的墙身所配置的水平与竖向分布钢筋的排数）、墙厚尺寸，水平分布筋、竖向分布筋和拉筋的具体数值。拉筋应注明布置方式为"双向"或为"梅花双向"（梅花双向宜为偶数间隔以便均匀布置）。

3. 墙梁注写：从相同编号的墙梁中选择一道墙梁，按顺序引注的内容详见第3.2.5 条各款。其中，如需补充注明的梁侧面纵筋，以大写字母 G 打头注写；最后一项梁顶面标高高差，注写在括号"（）"内；注意连梁的特殊配筋值以汉字引导。

第 3.3.3 条 图 3.3.3 为采用截面注写方式表达的剪力墙平法施工图示例。

---

[1] 抗震设计时，框架柱按"强剪弱弯"原则须设置柱端箍筋加密区，但该构造不适用于剪力墙柱。剪力墙柱不是独立构件，其抗震受力与强剪弱弯原则无关，与框架柱显著不同，且剪力墙柱在中间层亦不存在柱端，因此，剪力墙柱无柱端箍筋加密区。

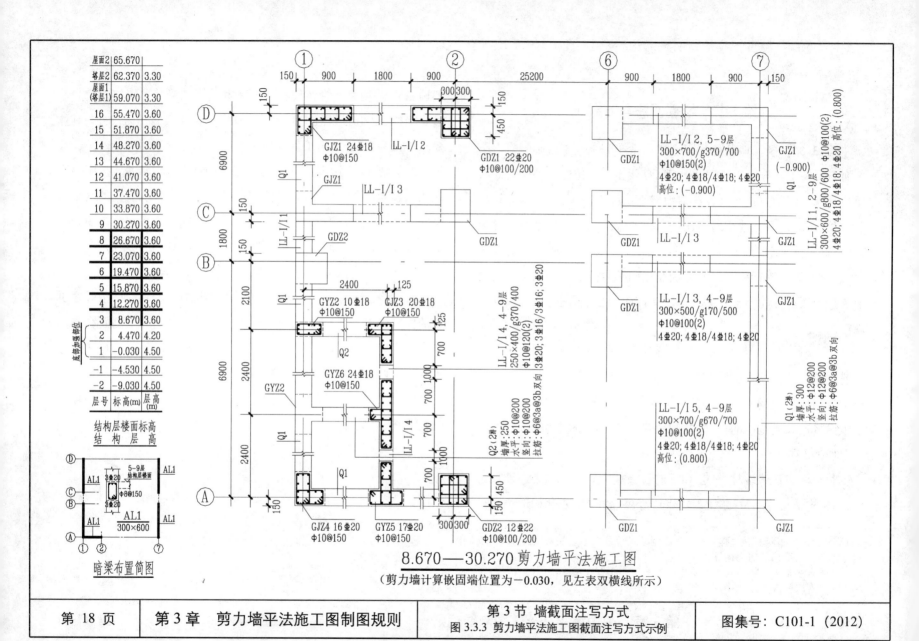

层号	标高(m)	层高(m)
屋面2	65.670	
塔层2	62.370	3.30
屋面1(塔层1)	59.070	3.30
16	55.470	3.60
15	51.870	3.60
14	48.270	3.60
13	44.670	3.60
12	41.070	3.60
11	37.470	3.60
10	33.870	3.60
9	30.270	3.60
8	26.670	3.60
7	23.070	3.60
6	19.470	3.60
5	15.870	3.60
4	12.270	3.60
3	8.670	3.60
2	4.470	4.20
1	-0.030	4.50
-1	-4.530	4.50
-2	-9.030	4.50

结构层楼面标高
结构层高

底部加强部位

GJZ1 24Φ18 Φ10@150

LL-/I 2
GDZ1 22Φ20 Φ10@100/200

LL-/I 3

LL-/I 1

GDZ2

GJZ1

GJZ2 10Φ18 Φ10@150
GJZ3 20Φ18 Φ10@150
LL-/I 4, 4—9层
250×400/g370/400 Φ10@120(2)
3Φ20; 3Φ16/3Φ16; 3Φ20
墙厚:250 水平:Φ10@200 竖向:Φ10@200 拉筋:Φ6@3a@3b 双向

Q1
Q2

GYZ6 24Φ18 Φ10@150

LL-/I 4

Q2(2排) 墙厚:250 水平:Φ10@200 竖向:Φ10@200 拉筋:Φ6@3a@3b 双向

GJZ4 16Φ20 Φ10@150
GYZ5 17Φ20 Φ10@150
GDZ2 12Φ22 Φ10@100/200

GDZ1

LL-/I 2, 5—9层
300×700/g370/700 Φ10@150(2)
4Φ20; 4Φ18/4Φ18; 4Φ20
高位:(-0.900)

GJZ1
Φ10@100/200
4Φ18; 4Φ20 高位:(0.800)

LL-/I 1, 2—9层
300×600/g800/600 Φ10@100(2)
4Φ20; 4Φ18/4Φ18; 4Φ20
高位:(-0.900)

GJZ1

LL-/I 3, 4—9层
300×500/g170/500 Φ10@100(2)
4Φ20; 4Φ18/4Φ18; 4Φ20

GJZ1

LL-/I 5, 4—9层
300×700/g670/700 Φ10@100(2)
4Φ20; 4Φ18/4Φ18; 4Φ20
高位:(0.800)

Q1(2排) 墙厚:300 水平:Φ12@200 竖向:Φ12@200 拉筋:Φ6@3a@3b 双向

GDZ1
GDZ1

8.670—30.270 剪力墙平法施工图
(剪力墙计算嵌固端位置为-0.030,见左表双横线所示)

5-9层结构层楼面
3Φ20 Φ8@150 3Φ20

AL1
AL1
AL1
AL1

AL1
300×600

暗梁布置简图

第4节　剪力墙相关构造制图规则

第 3.4.1 条　剪力墙相关构造采用**直接引注**方式表达。相关构造类型编号，见表 3.4.1。

剪力墙相关构造类型编号　　　　　表 3.4.1

类　　型	代　号	序　号
矩形墙洞	JD	xx
矩形企口墙洞	JDq	xx
圆形墙洞	YD	xx
矩形壁龛	JBK	xx
墙体单侧局部加厚	JHd	xx
墙体双侧局部加厚	JHs	xx

第 3.4.2 条　矩形墙洞 JD、矩形企口墙洞 JDq、圆形墙洞 YD、矩形壁龛 JBK 的设计表达，系在剪力墙平面布置图上绘制洞口示意、标注洞口中心平面定位尺寸（见图 3.4.2）后，对其直接引注。引注内容规定如下：

1. 注写编号，当为矩形企口墙洞时，在大口一侧引注。

2. 注写矩形墙洞中心、矩形企口墙洞中心、圆形墙洞中心、矩形壁龛中心的相对标高（m）。当企口矩形墙洞大小口中心不重合时，先注写大口中心标高，再注写小口中心标高，二者以"/"

分隔。

3. 注写洞口尺寸，内容为：

(1) 矩形墙洞注写"洞口宽×高（$b×h$）"（见图 3.4.2-1）；矩形企口墙洞注写"大口宽×高×大口深/小口宽×高（$b_l×h_l×d/b_s×h_s$）"。

(2) 圆形墙洞注写"洞口直径（D）"。

(3) 矩形壁龛注写"壁龛宽×高×深（$b×h×d$）"（见图 3.4.2-2）。

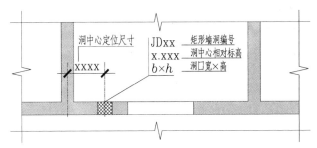

图 3.4.2-1　墙洞注写示意

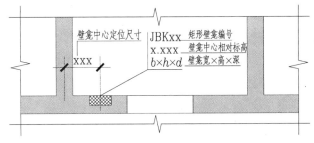

图 3.4.2-2　壁龛注写示意

4. 注写墙洞补强钢筋，此为选注值，分以下几种情况：

(1) 当矩形洞口的洞宽、洞高均不大于 800 时，补强纵筋按构造设置，此项免注；构造设置系在洞口每边加钢筋≥2 ⌀12 且不小于同向被切断钢筋总面积的 50%，施工详见相应通用构造详图。

矩形壁龛周边补强钢筋按构造设置，此项免注；施工详见相应通用构造详图。

【例】 JD3 400×300 +3.100，表示 3 号矩形洞口，洞宽 400，洞高 300，洞口中心距本结构层楼面 3100,洞口每边补强钢筋按构造配置。

(2) 当矩形洞口的洞宽、洞高虽均不大于 800，但经设计计算需设置的补强纵筋大于构造配筋时，此项注写洞口每边补强钢筋的数值。

【例】 JD2 400×300 +3.100 4⌀14，表示 2 号矩形洞口，洞宽 400，洞高 300，洞口中心距本结构层楼面 3100,洞口每边补强钢筋为 4⌀14。

(3) 当矩形洞口宽大于 800 时，洞口上、下两边需设置补强暗梁，左、右两竖边需设置补强暗柱；此项注写洞口上、下边的补强暗梁纵筋与箍筋的具体数值，以及洞口左、右边的补强暗柱纵筋与箍筋的具体数值，补强暗梁、暗柱高度按构造详图，设计不注；当洞口的上边或下边为剪力墙连梁时则免注补强暗梁，当洞口两竖边为边缘构件时则免注补强暗柱。

【例】 JD5 1800×2100 +1.800 6⌀20 φ8@150，表示 5 号矩形洞口洞宽 1800，洞高 2100，洞口中心距本结构层楼面 1800，洞口上下设补强暗梁，每边梁纵筋为 6⌀20，箍筋为 φ8@150。本例洞口量竖边有边缘暗柱，故不需注写补强暗柱，

(4) 当圆形洞口设置在连梁中部 1/3 范围时（且圆洞直径不应大于 1/3 梁高），需注写在圆洞上下水平设置的每边补强纵筋与箍筋。

(5) 当圆形洞口设置在墙身或暗梁、边框梁中部位置，且洞口直径不大于 300 时，此项注写洞口上下左右每边布置的补强纵筋数值，并在其后标注"×4"。

(6) 当圆形洞口直径大于 300，但不大于 800 时，此项注写圆外切正六边形其中 1 边的补强钢筋数值，并在其后标注"×6"。

第 3.4.3 条 剪力墙体局部加厚构造。当剪力墙厚度不能满足在其平面外支承的梁端刚性支座要求、且剪力墙未设置扶壁柱时，可将墙体局部加厚至满足刚性锚固水平直段长度要求。局部加厚可按通用构造详图的构造加厚，设计不注。

构造加厚的规定为：加厚体宽度为 3 倍梁宽度，高度为梁高+1 倍墙厚+30mm；加厚体的上边缘比梁顶面高 30mm，下边缘比梁底面低 1 倍墙厚；加厚体的竖向配筋直径与剪力墙竖向配筋相同、水平配筋直径与剪力墙水平配筋相同，但其竖向与水平配筋间距统一采用 100；加厚体采用单面凸出或双面凸出，可按通用构造图中所

列相应条件，由施工方面确定。

当局部构造加厚不能满足具体工程要求时，设计应采用在剪力墙平面外支承梁端直接引注表达，引注内容如下：

1. 注写局部加厚编号，单侧凸出：JHdxx（xx 为序号）；双侧凸出：JHsxx（xx 为序号）；

2. 注写局部加厚尺寸，水平宽度×竖向高度×局部厚度（$b \times h \times t$）；

3. 注写局部加厚凸出面配筋，竖向筋/水平筋；

4. 注写局部加厚体关于梁顶面的相对标高高差，将相对标高高差注写在"（）"内。此项为选注值，当采用构造高差（30mm）时可不注。

【例1】 JHd1 500×900×450 6Φ12 / 10 Φ12 （70）；表示 1 号墙体单侧凸出局部加厚，水平宽度为 500，竖向高度为 900，局部厚度 450；凸出面的竖向筋为 6 Φ12，水平筋 10 Φ12，加厚体顶部与梁顶面高差为 70。

【例2】 JHs2 500×800×450 6Φ12 / 9Φ12；表示 2 墙体双侧对称凸出局部加厚，其水平宽度 500，竖向高度 800，局部厚度 450；凸出面的竖向筋为 6 Φ12，水平筋 9Φ12，加厚体顶部与梁顶面高差为 30mm。

施工应注意：以上所举两例局部加厚的几何尺寸相同，配筋亦相同，但两例的区别，一是例 1 加厚体在单侧凸出面配筋，例 2 加厚体则在双侧凸出面配筋，后者用钢量约为前者的两倍；二是两

例加厚体关于梁顶面的相对高差不同。

第5节 其 他

第 3.5.1 条 在抗震设计中，对各级抗震等级的剪力墙，应注明底部加强区在剪力墙平法施工图中的所在部位以及高度范围，以便使施工人员明确在该范围内，应按照加强部位的构造要求进行施工。

第 3.5.2 条 当剪力墙中有偏心受拉墙肢[1]时，无论采用何种直径的竖向钢筋，均应采用机械连接或焊接接长，设计者应在剪力墙平法施工图中加以注明。

第 3.5.3 条 当剪力墙与填充墙需要拉结时，其构造详图应由设计者根据不同墙体材料特性和规范相应要求设计绘制。

---

[1] 由于我国设计给施工的设计文件通常不包括结构计算结果，施工方面无法准确判断剪力墙肢是否偏心受拉，故偏心受拉墙肢应由设计者在平法施工图中注明。

第4章 梁平法施工图制图规则

第1节 梁平法施工图的表示方法

第4.1.1条 梁平法施工图系在梁平面布置图上采用平面注写方式或截面注写方式表达。

第4.1.2条 梁平面布置图,应分别按梁的不同结构层(标准层),将全部梁和与其相关联的柱、墙、板一起采用适当比例绘制。

第4.1.3条 在梁平法施工图中,应按总则中的规定注明各结构层的楼面标高、结构层高及相应的结构层号。

第4.1.4条 对于轴线未居中的梁,应标注其偏心定位尺寸(贴柱边的梁可不注)。

第2节 梁平面注写方式

第4.2.1条 梁平面注写方式,系在梁平面布置图上,分别在不同编号的梁中各选一根梁,在其上注写截面尺寸和配筋具体数值的方式来表达梁平法施工图。

平面注写包括集中标注与原位标注,集中标注表达梁的通用数值,原位标注表达梁的特殊数值。当集中标注中的某项数值不适用

于梁的某部位时,则将该项数值原位标注,施工时,原位标注取值**优先**。

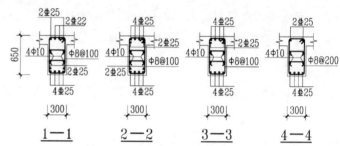

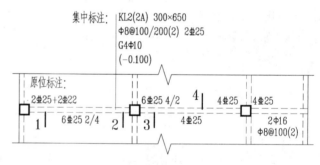

图4.2.1 梁平面注写方式示意

注:本图四个梁截面配筋图系采用传统表示方法绘制,仅用于本图对比按平面注写方式表达的同样内容。实际工程设计采用平面注写方式表达时,不需绘制梁截面配筋图和图4.2.1中的相应截面号。

第4.2.2条 梁编号由梁类型代号、序号、跨数及有无悬挑代号几项组成,表达形式见表4.2.2。

表 4.2.2

梁 类 型	代号	序号	跨数及是否带有悬挑
楼层框架梁	KL	xx	（xx）、（xxA）或（xxB）
屋面框架梁	WKL	xx	（xx）、（xxA）或（xxB）
非框架梁	L	xx	（xx）、（xxA）或（xxB）
悬 挑 梁	XL	xx	
井 字 梁	JZL	xx	（xx）、（xxA）或（xxB）

注：(xxA)为一端有悬挑，(xxB)为两端有悬挑，悬挑不计入跨数。

【例】 KL7(5A)，表示第 7 号框架梁，5 跨，一端有悬挑；L9(7B)，表示第 9 号非框架梁，7 跨，两端有悬挑。

第 4.2.3 条 梁集中标注的内容，有 5 项必注值及 1 项选注值（集中标注可以从梁的任意一跨引出），规定如下：

1. 标注梁编号，见表 4.2.2，该项为必注值。

2. 标注梁截面尺寸，该项为必注值。

(1) 当为等截面梁时，用 $b \times h$ 表示。

(2) 当为底部加腋梁时，用 $b \times h$　$Yc_1 \times c_2$ 表示，其中 c_1 为腋长，c_2 为腋高（图 4.2.3-1）。当为侧面加腋梁时，则在平面图上梁的侧腋上以原位引注方式表达[1]，详见第 4.2.4 条 4 款。

---

[1] 平法充分利用平面图上的图形语言直观体现设计形状，梁侧面加腋在平面图形上已形象画出，在侧腋上原位引注表达可更直观。

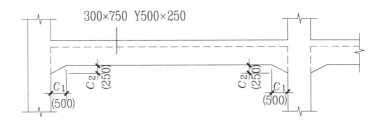

图 4.2.3-1　底部加腋梁截面尺寸注写示意

(3) 当有悬挑梁且根部和端部的高度不同时，用斜线分隔根部与端部的高度值，即为 $b \times h_1 / h_2$（图 4.2.3-2）。

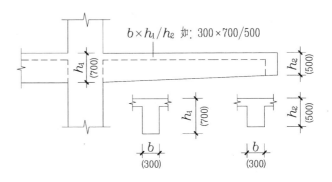

图 4.2.3-2　悬挑梁不等高截面尺寸注写示意

3. 标注梁箍筋，包括钢筋级别、直径、加密区与非加密区间距及肢数，该项为必注值。箍筋加密区与非加密区的不同间距及肢数需用斜线"/"分隔；当梁箍筋为同一种间距及肢数时，则不需用斜线；当加密区与非加密区的箍筋肢数相同时，则将肢数注写一次；箍筋肢数应写在括号内。加密区范围，详见相应抗震级别的通用构造详图。

【例】 Φ10@100/200(4)，表示箍筋为HPB300钢筋，直径φ10，加密区间距为100，非加密区间距为200，均为四肢箍。

Φ8@100(4)/150(2)，表示箍筋为HPB300钢筋，直径φ8，加密区间距为100，四肢箍；非加密区间距为150，两肢箍。

当抗震结构中的非框架梁及非抗震结构中的各类梁采用不同的箍筋间距及肢数时，也用斜线"/"将其分隔开来。注写时，先注写梁支座端部的箍筋(包括箍筋的箍数、钢筋级别、直径、间距与肢数)，在斜线后注写梁跨中部分的箍筋间距及肢数。

【例】 13Φ10@150/200(4)，表示箍筋为HPB300钢筋，直径φ10；梁的两端各有13个四肢箍，间距为150；梁跨中部分间距为200，四肢箍。

18Φ12@150(4)/200(2)， 表示箍筋为HPB300钢筋， 直径φ12；梁的两端各有18个四肢箍，间距为150；梁跨中部分，间距为200，双肢箍。

4. 标注梁上部通长筋或架立筋，该项为必注值。所注规格与根数应根据结构受力要求及箍筋肢数等构造要求而定。当同排纵筋中既有通长筋又有架立筋时，应用加号"＋"将通长筋和架立筋相联。注写时将角部纵筋写在加号的前面，架立筋写在加号后面的括号内，以示不同直径及与通长筋的区别。当全部采用架立筋时，则将其写入括号内。

通长筋可为相同直径或不同直径采用搭接连接、机械连接或对焊连接的钢筋。

【例】 2Φ22用于双肢箍；2Φ22+(4Φ12)用于六肢箍，其中2Φ22为通长筋，4Φ12为架立筋。

当梁的上部纵筋和下部纵筋为全跨相同，且多数跨配筋相同时，此项可加注下部纵筋的配筋值，用分号"；"将上部与下部纵筋的配筋值分隔开来，少数跨不同者，按第4.2.1条的规定处理。

【例】 3Φ22；3Φ20 表示梁的上部配置3Φ22的通长筋，梁的下部配置3Φ20的通长筋。

5. 标注梁侧面纵向构造钢筋或受扭钢筋，该项为必注值。

当梁腹板高度 $h_w \geq 450mm$ 时，须配置纵向构造钢筋，所注规格与根数应符合规范规定。此项注写值以大写字母 G 打头，接续注写设置在梁两个侧面的总配筋值，且对称配置。

【例】 G 4Φ12，表示梁的两个侧面共配置4Φ12的纵向构造钢筋，每侧各配置2Φ12。

当梁侧面需配置受扭纵向钢筋时，此项注写值以大写字母 N 打头，接续注写配置在梁两个侧面的总配筋值，且对称配置。受扭纵向钢筋应满足梁侧面纵向构造钢筋的间距要求，且不再重复配置纵向构造钢筋。

【例】 N 6Φ22，表示梁的两个侧面共配置6Φ22的受扭纵向钢筋，每侧各配置3Φ22。

注： 1.当为梁侧面构造钢筋时，其搭接与锚固长度可取为15d.

　　　2.当为梁侧面受扭纵向钢筋时，其搭接长度为 l_l 或 l_{lE}（抗震）；其锚固长度与方式同框架梁下部钢筋。

6. 标注梁顶面标高高差，该项为选注值。

梁顶面标高高差，系指相对于结构层楼面标高的高差值，对于位于结构夹层的梁，则指相对于结构夹层楼面标高的高差。有高差时，须将其写入括号内，无高差时不注。

注：当某梁的顶面高于所在结构层的楼面标高时， 其标高高差为正值，反之为负值。例如：某结构层的楼面标高为44.950m和48.250m，当某梁的梁顶面标高高差注写为(-0.050)时， 即表明该梁顶面标高分别相对于44.950m和48.250m低0.05m。

第4.2.4条 梁原位标注的内容，规定如下：

1. 标注梁支座上部纵筋，该部位含通长筋在内的所有纵筋：

(1) 当上部纵筋多于一排时，用斜线"/"将各排纵筋自上而下分开。

【例】 梁支座上部纵筋注写为6⊕25 4/2，则表示上一排纵筋为4⊕25，下一排纵筋为2⊕25。

(2) 当同排纵筋有两种直径时，用加号"＋"将两种直径的纵筋相联，注写时将角部纵筋写在前面。

梁支座上部有四根纵筋，2⊕25 放在角部，2⊕22 放在中部，在梁支座

上部应注写为2⊕25＋2⊕22。

(3) 当梁中间支座两边的上部纵筋不同时，须在支座两边分别标注；当梁中间支座两边的上部纵筋相同时，可仅在支座的一边标注，另一边省去不注（图4.2.4-1）。

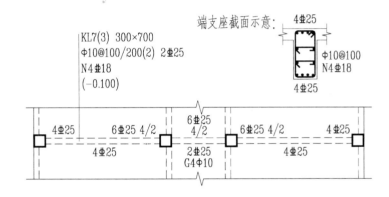

图 4.2.4-1　大小跨梁的注写示例

设计时应注意：

(1) 对于支座两边不同配筋值的上部纵筋，应尽可能选用相同直径（不同根数），使其贯穿支座，避免支座两边不同直径的上部纵筋均在支座内锚固。

(2) 对于以边柱、角柱为端支座的屋面框架梁，当能够满足配筋截面面积要求时，其梁的上部钢筋应尽可能只配置一层，避免梁

柱纵筋在柱顶处因层数过多、密度过大，导致不方便施工和影响混凝土的浇筑质量。

2. 标注梁下部纵筋：

(1) 当下部纵筋多于一排时，用斜线"/"将各排纵筋自上而下分开。

【例】 梁下部纵筋注写为 6Φ25 2/4，则表示上一排纵筋为 2Φ25，下一排纵筋为 4Φ25，全部伸入支座。

(2) 当同排纵筋有两种直径时，用加号"＋"将两种直径的纵筋相联，注写时角筋写在前面。

(3) 当梁下部纵筋不全部伸入支座时，将梁支座下部纵筋减少的数量写在括号内。

【例】 梁下部纵筋注写为 6Φ25 2(-2)/4，则表示上一排纵筋为 2Φ25，且不伸入支座；下一排纵筋为 4Φ25，全部伸入支座。

梁下部纵筋注写为 2Φ25＋3Φ22(-3)/5Φ25，则表示上排纵筋为 2Φ25 和 3Φ22，其中 3Φ22 不伸入支座；下一排纵筋为 5Φ25，全部伸入支座。

(4) 当梁的集中标注中已按第4.2.3条第4款的规定分别注写了梁上部和下部均为通长的纵筋值时，则不需在梁下部重复做原位标注。

3. 标注附加箍筋或吊筋，将其形状示意直接画在平面图中的主梁上，引注总配筋值（附加箍筋的道数注在首位，肢数注在括号内），见图4.2.4-2。当多数附加箍筋或吊筋相同时，可在梁平法施工图上统一注明；少数与统一注明值不同者，则在原位引注。

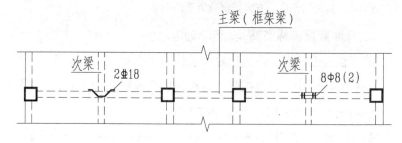

图 4.2.4-2 附加箍筋和吊筋的表达示例

施工时应注意：附加箍筋或吊筋的几何尺寸应按照通用构造详图，结合其所在位置的主梁和次梁的截面尺寸而定；附件箍筋在次梁左右各画两道仅为示意，实际配置道数见引注值。

4. 当为侧面加腋梁时，在平面图上增加原位引注。单侧加腋时在加腋一侧引注 Ydxx $c_1 \times c_2$；双侧对称加腋时可在任意一侧引注 Ysxx $c_1 \times c_2$；其中 xx 为序号，c_1 为腋长，c_2 为腋宽（图4.2.4-3）。

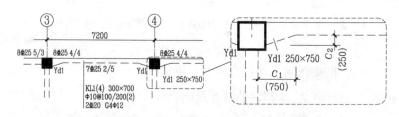

图 4.2.4-3 梁侧面加腋原位引注表达示例

5. 标注修正值：当梁上集中标注的内容，如梁截面尺寸、箍筋、上部通长筋或架立筋、侧面纵向构造钢筋或受扭纵向钢筋、梁底部加腋、或梁顶面标高高差中的某一项或几项数值，不适用于某跨或某悬挑部分时，则将其不同数值原位标注在该跨或该悬挑部位，施工时，应按原位标注数值取用。

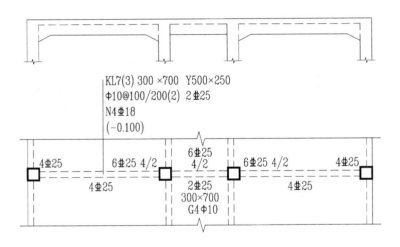

图 4.2.4-4　梁底加腋平面注写方式及原位标注修正示例

如图 4.2.4-4 所示，在 KL7 的中间跨以原位标注方式修正了集中标注的三项内容：

①原位标注等截面 $b \times h$，修正了集中标注的底部加腋信息；

②原位标注梁侧面构造纵筋（G 打头），修正了集中标注的梁侧面受扭纵筋（N 打头）；

③原位标注跨中上部通长筋，修正了集中标注的通长筋值。

第 4.2.5 条　井字梁通常由非框架梁构成，并以框架梁为支座（特殊情况下以专门设置的非框架大梁为支座）。在此情况下，为明确区分井字梁、框架梁及作为井字梁支座的其他类型梁，特将井字梁用单粗虚线表示（当井字梁顶面高出板面时可用单粗实线表示），框架梁或作为井字梁支座的其他梁仍采用双细虚线表示（当梁顶面高出板面时可用双实细线表示）。

本图集所规定的井字梁，系指在同一矩形平面内相互正交所组成的结构构件，井字梁所分布范围称为"矩形平面网格区域"（简称"网格区域"）。当在结构平面布置中仅有由四根框架梁框起的一片网格区域时，所有在该区域相互正交的井字梁均为单跨；当有多片网格区域相连时，贯通多片网格区域的井字梁为多跨，且相邻两片网格区域的分界处，即为该井字梁的中间支座。对某根井字梁编号时，其跨数为其总支座数减 1；在该梁的任意两个支座之间，无论有几根同类梁与其相交，均不作为支座，见图 4.2.5 示意。

井字梁的注写规则按本节第 4.2.1 至 4.2.4 条规定。除此之外，设计者应注明纵横两个方向梁相交处同一层面钢筋的上下交错关系（指梁上部或下部的同层面交错的钢筋何梁在上何梁在下），以及在该相交处两个方向梁箍筋的布置要求。

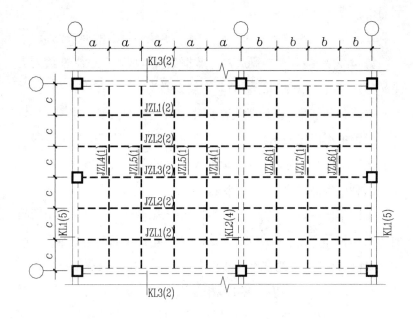

图 4.2.5 井字梁矩形平面网格区域示意

第 4.2.6 条 在梁平法施工图中，当局部梁的布置过密时，可将过密区用虚线框出，适当放大比例后再用平面注写方式表示。

第 4.2.7 条 图 4.2.7 为采用平面注写方式表达的梁平法施工图示例。

第 4.3.1 条 梁截面注写方式，系在分标准层绘制的梁平面布置图上，分别在不同编号的梁中各选择一根梁，用剖面号引出配筋图，并在其上注写截面尺寸和配筋具体数值的方式来表达梁平法施工图。

第 4.3.2 条 对所有梁按表 4.2.2 的规定进行编号，从相同编号的梁中选择一根梁，先将"单边截面号"画在该梁上，再将截面配筋详图画在本图或其它图上。当某梁的顶面标高与结构层的楼面标高不同时，尚应继其梁编号后，在括号内注写梁顶面标高高差。

第 4.3.3 条 在截面配筋详图上注写截面尺寸 $b \times h$、上部筋、下部筋、侧面构造筋或受扭筋、以及箍筋的具体数值的表达形式，与平面注写方式相同.

第 4.3.4 条 截面注写方式既可以单独使用，也可与平面注写方式结合使用。

注：在梁平法施工图的平面图中，当局部区域的梁布置过密时，除了采用截面注写方式表达外，也可采用第 4.2.6 条的措施来表达。当表达异形截面梁的尺寸与配筋时，用截面注写方式相对比较方便。

第 4.3.5 条 图 4.3.5 为采用截面注写方式表达的梁平法施工图示例。

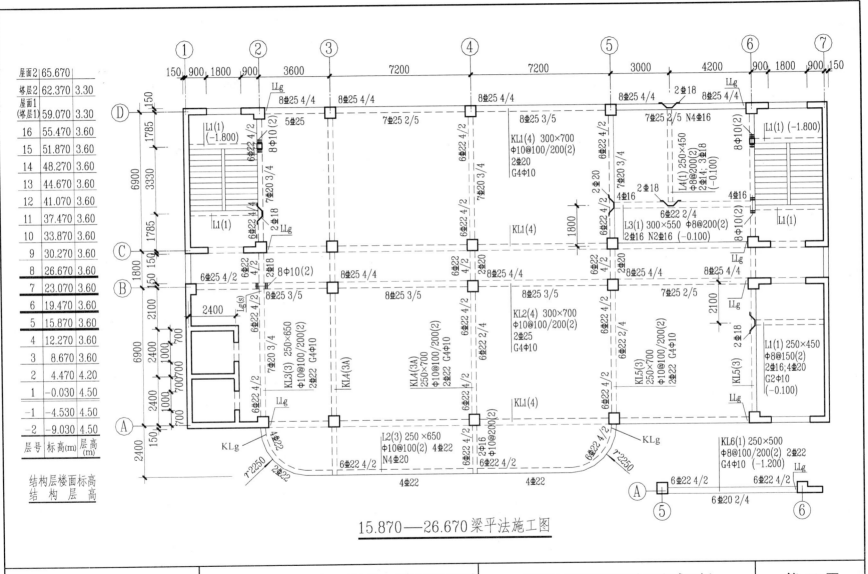

15.870—26.670梁平法施工图

层号	标高(m)	层高(m)
屋面2	65.670	
塔层2	62.370	3.30
屋面1(塔层1)	59.070	3.30
16	55.470	3.60
15	51.870	3.60
14	48.270	3.60
13	44.670	3.60
12	41.070	3.60
11	37.470	3.60
10	33.870	3.60
9	30.270	3.60
8	26.670	3.60
7	23.070	3.60
6	19.470	3.60
5	15.870	3.60
4	12.270	3.60
3	8.670	3.60
2	4.470	4.20
1	-0.030	4.50
-1	-4.530	4.50
-2	-9.030	4.50

结构层楼面标高
结 构 层 高

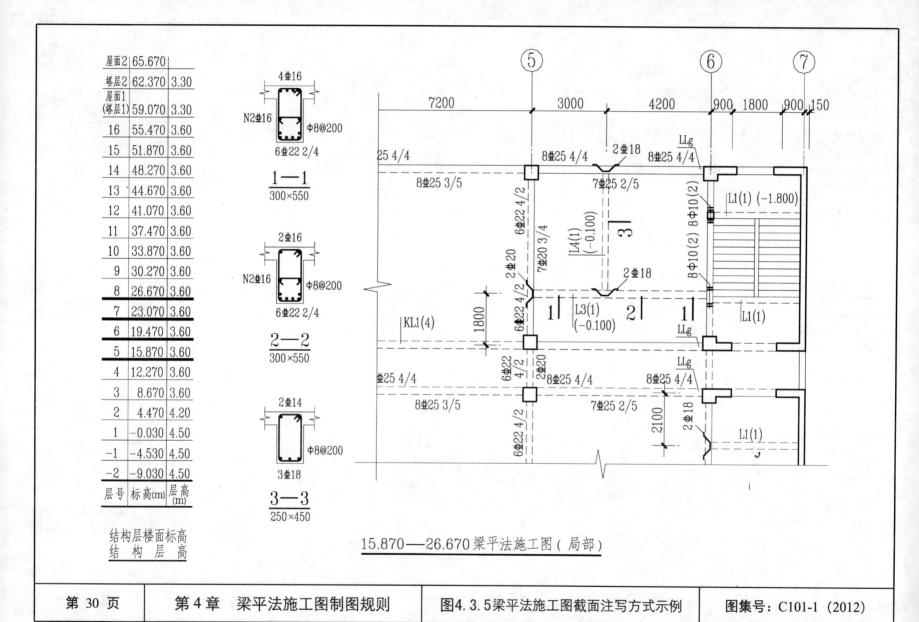

层号	标高(m)	层高(m)
屋面2	65.670	
塔层2	62.370	3.30
屋面1(塔层1)	59.070	3.30
16	55.470	3.60
15	51.870	3.60
14	48.270	3.60
13	44.670	3.60
12	41.070	3.60
11	37.470	3.60
10	33.870	3.60
9	30.270	3.60
8	26.670	3.60
7	23.070	3.60
6	19.470	3.60
5	15.870	3.60
4	12.270	3.60
3	8.670	3.60
2	4.470	4.20
1	-0.030	4.50
-1	-4.530	4.50
-2	-9.030	4.50

结构层楼面标高
结 构 层 高

4Φ16

N2Φ16   Φ8@200

6Φ22 2/4

$\dfrac{1-1}{300\times550}$

2Φ16

N2Φ16   Φ8@200

6Φ22 2/4

$\dfrac{2-2}{300\times550}$

2Φ14

Φ8@200

3Φ18

$\dfrac{3-3}{250\times450}$

7200   3000   4200   900 1800 900 150

25 4/4
8Φ25 3/5
8Φ25 4/4   2Φ18   8Φ25 4/4   LLg
7Φ25 2/5   4/4

6Φ22 4/2
7Φ20 3/4
2Φ20
6Φ22 4/2
L4(1)(-0.100)
2Φ18
KL1(4)
1800
L3(1)(-0.100)
LLg
8Φ10(2) 8Φ10(2)
L1(1)(-1.800)
8Φ10(2)
L1(1)

6Φ22 4/2
2Φ20
6Φ22 4/2
Φ25 4/4
8Φ25 3/5
8Φ25 4/4   8Φ25 4/4   LLg
7Φ25 2/5   2100
2Φ18
LLg
L1(1)

15.870—26.670梁平法施工图(局部)

第4节　梁支座上部纵筋的延伸长度

第 4.4.1 条　框架梁支座上部非通长纵筋,从柱边缘算起向跨中的延伸长度 a_0 值在通用构造详图中的取值为:第一排非通长筋延伸至 $l_x/3$ 位置;第二排非通长筋延伸至 $l_x/4$ 位置。

l_x 的取值规定为:

1. 边跨端部的 l_x 为本跨的净跨值。

2. 当两相邻跨为等跨时,支座两边的 l_x 为其中一跨的净跨值。

3. 当两相邻跨为不等跨时,大跨边的 l_x 取本跨净跨值,小跨边的 l_x 取两相邻跨净跨值之和的平均值$[0.5(l_{ni}+l_{ni+1})]$,且小跨边的支座上部非通长纵筋延伸长度不小于大跨净跨值的 1/4。

当设计者采用不同延伸长度时,应另加注明。此外,设计与施工应注意以下情况:

1. 当不等跨的小跨为边跨,且按上述第 1、3 款规定分别计算的两端延伸长度之和大于本跨净跨值时,将两批相对延伸非通长筋的相同部分贯通本跨(如左端 3Φ22、右端 2Φ22 分别向跨中延伸,其相同部分为 2Φ22)。

2. 当不等跨的小跨为中间跨,且按上述第 3 款规定计算的左、右两端的延伸长度之和大于本跨净跨值时,将两批相对延伸非通长筋相同部分贯通本跨。

为方便施工,设计者可在设计阶段直接调整不等跨框架梁的小跨配筋,消解上述两种情况。

第 4.4.2 条　非框架梁(不包括井字梁)支座上部非贯通纵筋,从支座边缘算起向跨中的延伸长度 a_0 值在通用构造详图中的取值为:端支座构造纵筋延伸至 $l_n/5$ 位置;中间支座第一排非贯通筋延伸至 $l_n/3$ 位置,第二排非贯通筋延伸至 $l_n/4$ 位置。

l_n 的取值规定为:

1. 对于端支座,l_n 为本跨的净跨值。

2. 对于中间支座,l_n 为左右两跨较大一跨的净跨值。

以上规定,符合非框架梁通常按简支计算且实际受到部分约束的情况,要求端支座上部纵向构造钢筋的截面面积不应小于梁跨中下部纵向受力钢筋配置截面面积的 1/4,由于主体结构普通非框架梁跨中下部配筋通常少于四排,端支座上部纵向构造钢筋仅需相应配置一排。

当具体设计将非框架梁端按刚性固定支座或半刚性支座计算时,端支座上部纵向钢筋向跨中的延伸长度要求与框架梁相同,此种情况需要在非框架梁端部引注修正代号,详见本章第 6 节的相应规定。

第 4.4.3 条　井字梁的端部支座和中间支座上部非贯通纵筋,从支座边缘算起向跨中的延伸长度 a_0 值,应由设计者在原位标注具体尺寸。当采用平面注写方式时，应在原位标注的支座上部纵筋后面括号内加注具体延伸长度值（图4.4.3-1）；当为截面注写方式时，则在梁端截面配筋图上注写的上部纵筋后面括号内加注具体延伸长度值（图4.4.3-2）。

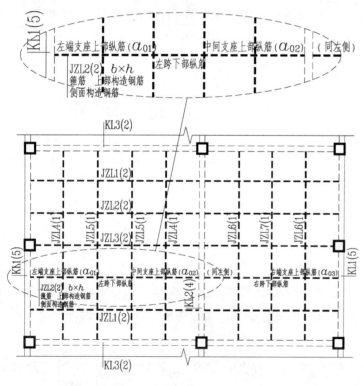

图 4.4.3-1 井字梁平面注写方式示意

注：本图仅示意井字梁的注写方法（两片**网格区域**），未注明截面几何尺寸 $b×h$、支座上部纵筋延伸长度值 a_{01} 至 a_{03}，以及纵筋与箍筋的具体数值。

【例】 贯通两片网格区域采用平面注写方式的某井字梁，其中间支座上部纵筋注写为 6 Φ 25 4/2（3200/2400），表示该位置上部纵筋设置两排，上一排纵筋为 4 Φ 25，自支座边缘向跨内的延伸长度为 3200；下一排纵筋为 2 Φ 25，自支座边缘向跨内的延伸长度为 2400。

设计时应注意：

1. 当井字梁连续设置在两片或多片**网格区域**时，才具有上面提及的井字梁中间支座。

2. 当某根井字梁端支座与其所在**网格区域**之外的非框架梁相连时，该位置上部钢筋的连续布置方式须由设计者注明。

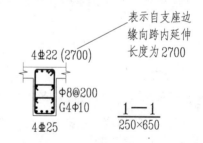

图 4.4.3-2 井字梁截面注写方式示意

第 4.4.4 条 悬挑梁(包括其它类型梁的悬挑部分)上部第一排纵筋延伸至梁端头，其中至少两根角筋下弯90弯钩，其余在近梁端位置斜向下弯；第二排纵筋可延伸至 $3l/4$ 位置，l 为自柱（梁）边算起的悬挑净长。

当设计者在悬挑梁根部设置弯下筋时，应另加注明。

第 4.4.5 条 当设计者在执行本节各条关于梁支座端上部纵筋的统一取值规定时，特别是在大小跨相邻和端跨外为长悬臂的情况下，还应注意按现行《混凝土结构设计规范》中的相关规定进行校核，若不满足时应另行变更。

第 5 节 不伸入支座的梁下部纵筋长度规定

第 4.5.1 条 当梁（不包括框支梁）的下部纵筋不全部伸入支座时，不伸入支座的梁下部纵筋截断点距支座边的距离，在通用构造详图中统一取为 $0.1l_{ni}$（l_{ni} 为本跨梁的净跨值）。

第 4.5.2 条 若设计者在对梁支座截面的抗弯计算分析中需要考虑充分利用纵向钢筋的抗压强度，且同时采用梁下部纵筋不全部伸入支座的做法时，应注意在计算分析时须减去不伸入支座的那一部分钢筋面积。

第 4.5.3 条 当设计者按本节规定确定不伸入支座的梁下部纵筋的数量时，应注意符合现行《混凝土结构设计规范》的相关规定。

第 6 节 梁支座端跨界构造的原位修正

第 4.6.1 条 在实际工程中，普遍存在不同类型梁在空间位置、几何形状、构造形式上的特殊情况，平法制图规则需要做出特殊规定予以表达清楚，例如：

1. 梁空间位置不在楼层处，如设置在层间的各类梁、高低斜梁等，规则规定加注梁顶面相对标高高差予以表达清楚。

2. 梁几何形状为非直线梁或非等截面梁，如梁底加腋、梁侧面加腋、以及弧形梁等，规则规定在集中标注、原位标注中加注加腋尺寸等信息，以及利用平面图的"图形语言"自然明确弧形形状等方式予以表达清楚。

3. 梁某支座或某部位需要采用**跨界构造**形式，即梁构造应采用梁代号的对应构造，但在该梁某部位需采用其他类型梁构造的情况。如框架梁一端与柱连接，而另一端支承在剪力墙上，且既有顺墙轴线支承，又有在墙平面外支承两种情况；再如框架梁应支承在框架柱上，但某端支座或中间支座却支承在梁上的情况；此时，框架梁的锚固构造，锚固在剪力墙上与锚固在柱上不同；近支座的本体构造，支承在梁上与支承在柱上不同。为此，应采取措施表达梁支座端构造的修正信息。

第 4.6.2 条 梁支座端需要进行跨界构造修正时，可采用在梁上原位引注构造修正代号方式进行表达。构造修正代号与相应的修正内容，见表 4.6.2，所对应的跨界构造做法，详见相应构造详图。

梁跨界构造修正代号与相应修正内容　　　表4.6.2

构造修正代号	修 正 内 容
Lg	框架梁 KL、屋面框架梁 WKL 的端支座或某中间支座为梁时，将该支座纵筋锚固及近支座梁本体钢筋构造修正为按非框架梁 L 的钢筋构造
KLg	梁端部修正为按楼层框架梁 KL 钢筋构造。如： (1) 多跨非框架梁 L 的端支座或某中间支座支承于框架柱时，将该支座纵筋锚固及近支座梁本体钢筋构造进行修正 (2) 屋面框架梁 WKL 一端在楼层内时，将该端支座纵筋锚固构造进行修正。 (3) 当要求充分利用非框架梁 L 梁端上部纵向钢筋抗拉强度时[1]（如非框架梁端部支承在剪力墙平面外，或支承于刚度较大的其他构件之上），将该端支座的纵筋锚固及近支座本体钢筋构造进行修正
WKLg	当楼层框架梁 KL 某一端在屋面位置时，将该端支座的纵筋锚固及与柱纵筋弯折搭接构造修正为按屋面框架梁 WKL 的梁端部钢筋构造
LLg	楼层框架梁 KL 或屋面框架梁 WKL 的端部顺剪力墙平面内连接时，将该端支座钢筋锚固构造修正为按剪力墙连梁 LL 的钢筋锚固构造

---

[1] 非框架梁受力计算通常假定端支座为铰支，当要求充分利用梁端上部纵筋的抗拉强度时，应注意支承梁的构件须满足刚性或半刚性支承的刚度条件。

部分跨界构造修正示例如下：

【例】 如图 4.6.2-1 所示，楼层框架梁 KL1（4）和 KL2（4）的端部顺剪力墙平面内支承，在两根框架梁的端支座分别原位引注修正代号 LLg，表示将支座端的钢筋锚固，修正为按剪力墙连梁 LL 构造。

【例】 如图 4.6.2-1 所示，非框架梁 L1（1）的一端在剪力墙平面外支承，设计要求充分发挥该非框架梁端上部纵向钢筋的抗拉强度，在 L1 的端支座原位引注修正代号 KLg，表示将支座纵筋锚固及近支座本体钢筋构造，修正为按框架梁构造。

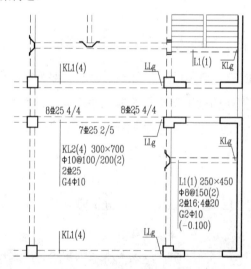

图 4.6.2-1　框架梁、非框架梁端部构造修正原位引注示例

【例】 如图 4.6.2-2 所示，框架梁 KL3（3）支承在框架梁 KL2（4）上，以该梁为中间支座，在该中间支座原位引注修正代号 Lg，表示将 KL3 该支座

的纵筋锚固及近支座本体钢筋构造，修正为按非框架梁构造。

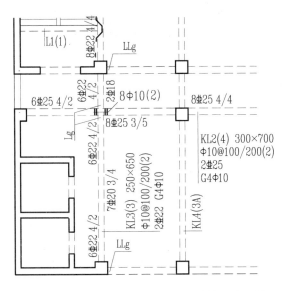

图 4.6.2-2 框架梁中间支座构造修正原位引注示例

本图集包括与表 4.6.2 中所列跨界构造修正代号相对应的通用构造详图，当具体工程有其他特殊要求时，应由设计者加以注明。

第 7 节 其 他

第 4.7.1 条 非抗震框架梁的下部纵向钢筋在边支座和中间支座的锚固长度，在本图集的通用构造详图中均定为 l_a，当计算中不需要充分利用下部纵向钢筋的抗拉强度时，其锚固长度应由设计者按照现行《混凝土结构设计规范》的相应规定另行变更。

第 4.7.2 条 非框架梁的下部纵向钢筋在中间支座和端支座的锚固长度，在本图集的构造详图中分别规定：对于带肋钢筋为 $12d$；对于光面钢筋为 $15d$（d 为纵向锚固钢筋直径）。当计算中需要充分利用下部纵向钢筋的抗压强度或抗拉强度，或具体工程有特殊要求时，其锚固长度应由设计者按照现行《混凝土结构设计规范》的相应规定另行变更。

第 4.7.3 条 当两楼层之间设有层间梁时（如结构夹层位置处的梁），应将设置该部分梁的区域划出另行绘制梁结构布置图，然后在其上表达梁平法施工图。

第 4.7.4 条 各类梁的平面形状有直形与弧形两种，施工人员应根据配筋图上梁的平面形状[1]，按照通用构造详图中相应的要求进行施工。

第 4.7.5 条 当梁与填充墙需要拉结时，其构造详图应由设计者根据墙体材料及规范的相应要求设计绘制。

---

[1] 设计图纸中包括标注语言和图形语言。当图形语言非常明确时，则无必要以标注语言重复表达，这样可使设计语言简明、清晰。由于平法设计图纸中直型梁与弧形梁的图形语言非常明确，故不需要将两者设置不同的梁代号。

第5章　混凝土结构综合构造规定

混凝土结构的环境类别

表5-1

环境类别	条件
一	室内干燥环境； 无侵蚀性静水浸没环境
二 a	室内潮湿环境； 非严寒和非寒冷地区的露天环境； 非严寒和非寒冷地区与无侵蚀性的水或土壤直接接触的环境； 严寒和寒冷地区的冰冻线以下与无侵蚀性的水或土壤直接接触的环境
二 b	干湿交替环境； 水位频繁变动环境； 严寒和寒冷地区的露天环境； 严寒和寒冷地区冰冻线以上与无侵蚀性的水或土壤直接接触的环境
三 a	严寒和寒冷地区冬季水位变动区环境； 受除冰盐影响环境； 海风环境
三 b	盐渍土环境； 受除冰盐作用环境； 海岸环境
四	海水环境
五	受人为或自然的侵蚀性物质影响的环境

注：1 室内潮湿环境是指构件表面经常处于结露或湿润状态的环境；

2 严寒和寒冷地区的划分应符合现行国家标准《民用建筑热工设计规范》GB 50176 的有关规定；

3 海岸环境和海风环境宜根据当地情况，考虑主导风向及结构所处迎风、背风部位等因素的影响，由调查研究和工程经验确定；

4 受除冰盐影响环境是指受到除冰盐盐雾影响的环境；受除冰盐作用环境是指被除冰盐溶液溅射的环境以及使用除冰盐地区的洗车房、停车楼等建筑；

5 暴露的环境是指混凝土表面所处的环境。

混凝土保护层的最小厚度 c（mm）

表5-2

环境类别	板、墙、壳	梁、柱、杆
一	15	20
二 a	20	25
二 b	25	35
三 a	30	40
三 b	40	50

注：1 本表为设计使用年限为 50 年的混凝土结构最外层钢筋的保护层厚度，且不应小于钢筋的工程直径 d；

2 设计使用年限为 100 年的混凝土结构，最外层钢筋的保护层厚度不应小于表中数值的 1.4 倍；

3 混凝土强度等级不大于 C25 时，表中保护层厚度数值应增加 5mm；

4 钢筋混凝土基础宜设置混凝土垫层，基础中钢筋的混凝土保护层厚度应从垫层顶面算起，且不应小于 40mm；

5 当有充分依据并采取下列措施时，可适当减小混凝土保护层厚度：

(1) 构件表面有可靠的防护层；

(2) 采用工厂化生产的预制构件；

(3) 在混凝土中掺加阻锈剂或采用阴极保护处理等防锈措施；

(4) 当对地下室墙体采取可靠的建筑防水做法或防护措施时，与土层接触一侧钢筋的保护层厚度可适当减少，但不应小于 25mm；

6 当梁、柱、墙中纵向受力钢筋的保护层厚度大于 50mm 时，宜对保护层采取有效的构造措施。当在保护层内配置防裂、防剥落的钢筋网片时，网片钢筋的保护层厚度不应小于 25mm。

普通钢筋强度设计值（N/mm²）　表 5-3

牌　号	抗拉强度设计值 f_y	抗压强度设计值 f_y'
HPB300	270	270
HRB335 HRBF335	300	300
HRB400 HRBF400 RRB400	360	360
HRB500 HRBF500	435	410

注：横向钢筋的抗拉强度设计值 f_{yv} 应按表中 f_y 的数值采用；当用作受剪、受扭、受冲切承载力计算时，其数值大于 360/mm² 时应取 360mm²。

混凝土轴心抗压强度设计值（N/mm²）　表 5-4

强度	混凝土强度等级													
	C15	C20	C25	C30	C35	C40	C45	C50	C55	C60	C65	C70	C75	C80
f_c	7.2	9.6	11.9	14.3	16.7	19.1	21.1	23.1	25.3	27.5	29.7	31.8	33.8	35.9

混凝土轴心抗拉强度设计值（N/mm²）　表 5-5

强度	混凝土强度等级													
	C15	C20	C25	C30	C35	C40	C45	C50	C55	C60	C65	C70	C75	C80
f_t	0.91	1.10	1.27	1.43	1.57	1.71	1.80	1.89	1.96	2.04	2.09	2.14	2.18	2.22

锚固钢筋的外形系数 a　表 5-6

钢筋类型	光圆钢筋	带肋钢筋	螺旋肋钢筋	三股钢绞线	七股钢绞线
外形系数 a	0.16	0.14	0.13	0.16	0.17

注：光圆钢筋末端应作 180° 弯钩，弯后平直段长度不应小于 3d，但做受压钢筋时可不做弯钩。

基本锚固长度 l_{ab} 计算公式　表 5-7

普通钢筋：

$$l_{ab} = \alpha \frac{f_y}{f_t} d$$

预应力钢筋：

$$l_{ab} = \alpha \frac{f_{py}}{f_t} d$$

式中：

l_{ab}——受拉钢筋基本锚固长度；

f_y、f_{py}——普通钢筋、预应力钢筋的抗拉强度设计值；

f_t——混凝土轴心抗拉强度设计值，当混凝土强度等级高于 C60 时，按 C60 取值；

a——锚固钢筋的外形系数；

d——锚固钢筋的直径。

受拉钢筋锚固长度 l_a 计算公式

表 5-8

计算公式	锚固长度修正	
	锚固条件	ζ_a
$l_a = \zeta_a l_{ab}$ 式中： ζ_a ——锚固长度修正系数，对普通钢筋的修正条件多于一项时，可连乘计算，但不应小于0.6。	带肋钢筋公称直径大于 25	1.10
	环氧树脂涂层带肋钢筋	1.25
	施工过程中易受扰动的钢筋	1.10
	锚固钢筋的保护层厚度为 $3d$	0.8
	锚固钢筋保护层厚度为 $5d$[1]	0.7
	受拉钢筋末端采用弯钩锚固（包括弯钩在内投影长度）	0.6
	受拉钢筋末端采用机械锚固（包括机械锚固端头在内投影长度）	0.6
	不具备以上条件的无需修正情况	1.0

注：1 当梁柱节点纵向受拉钢筋采用直线锚固方式时，按 l_a 取值；当采用弯钩锚固方式时，以 l_{ab} 为基数按规定比例取值；l_a 不应小于 200；

2 锚固钢筋的保护层厚度介于 $3d$ 与 $5d$ 之间时（d 为锚固钢筋直径），按内插取值；

3 当锚固钢筋的保护层厚度不大于 $5d$ 时，锚固长度范围内应配置横向构造钢筋，其直径不应小于 $d/4$，对梁、柱、斜撑等构件间距不应大于 $5d$，对板、墙等平面构件间距不应大于 $10d$，且均不应大于 100；

4 混凝土结构中的纵向受压钢筋，当计算中充分利用其抗压强度时，锚固长度不应小于相应受拉锚固长度的 70%；

[1] 当混凝土保护层厚度超过 $5d$ 时，锚固长度修正系数亦按 $5d$ 时的 0.7 取值。

5 当锚固钢筋为 HPB300 强度等级时，钢筋末端应做 180° 弯钩，弯钩平直段长度不应小于 $3d$，但做受压钢筋锚固时可不做弯钩。

受拉钢筋抗震锚固长度 l_{aE} 和梁柱节点抗震弯折锚固长度基数 l_{abE} 计算公式

表 5-9

计算公式	抗震锚固长度修正	
	抗震等级	ζ_{aE}
$l_{aE} = \zeta_{aE} l_a$、 $\quad l_{abE} = \zeta_{aE} l_{ab}$ 式中：ζ_{aE} ——抗震锚固长度修正系数	一、二级抗震等级	1.15
	三级抗震等级	1.05
	四级抗震等级	1.00

注：当抗震梁柱节点纵向受拉钢筋采用直线锚固方式时，按 l_{aE} 取值；当采用弯钩锚固方式时，以 l_{abE} 为基数按规定比例取值。

受拉钢筋非抗震搭接长度 l_l 和抗震搭接长度 l_{lE} 计算公式

表 5-10

搭接长度计算公式	搭接长度修正	
	搭接接头面积百分率	ζ_l
$l_l = \zeta_l l_a$、 $\quad l_{lE} = \zeta_l l_{aE}$ 式中：ζ_l ——纵向受拉钢筋搭接长度修正系数	≤25%	1.2
	50%	1.4
	100%	1.6

注：1 当直径不同的钢筋搭接时，搭接长度按较小直径计算，且任何情况下 l_l 不应小于 300；

2 在梁、柱类构件的纵向受力钢筋搭接长度范围内的横向构造钢筋要求同表 5-6 注 3 的要求；当受压钢筋直径大于 25 时，尚应在搭接接头两个端面外 100 范围内各设置两道箍筋。

表 5-11

受拉钢筋基本锚固长度 l_{ab}、锚固长度无修正的受拉钢筋锚固长度 l_a（即 $\zeta_a=1.0$）

钢筋种类	混凝土强度等级								
	C20	C25	C30	C35	C40	C45	C50	C55	≥C60
HPB300	$39d$	$34d$	$30d$	$28d$	$25d$	$24d$	$23d$	$22d$	$21d$
HRB335、HRBF335	$38d$	$33d$	$29d$	$27d$	$25d$	$23d$	$22d$	$21d$	$21d$
HRB400、HRBF400、RRB400	—	$40d$	$35d$	$32d$	$29d$	$28d$	$27d$	$26d$	$25d$
HRB500、HRBF500	—	$48d$	$43d$	$39d$	$36d$	$34d$	$32d$	$31d$	$30d$

表 5-12

受拉钢筋梁柱节点抗震弯折锚固长度基数 l_{abE}、锚固长度无修正的受拉钢筋抗震锚固长度 l_{aE}（即 $\zeta_a=1.0$）

钢筋种类	抗震等级	混凝土强度等级								
		C20	C25	C30	C35	C40	C45	C50	C55	≥C60
HPB300	一、二级	$45d$	$39d$	$35d$	$32d$	$29d$	$28d$	$26d$	$25d$	$24d$
	三级	$41d$	$36d$	$32d$	$29d$	$26d$	$25d$	$24d$	$23d$	$22d$
	四级	$39d$	$34d$	$30d$	$28d$	$25d$	$24d$	$23d$	$22d$	$21d$
HRB335 HRBF335	一、二级	$44d$	$38d$	$33d$	$31d$	$29d$	$26d$	$25d$	$24d$	$24d$
	三级	$40d$	$35d$	$31d$	$28d$	$26d$	$24d$	$23d$	$22d$	$22d$
	四级	$38d$	$33d$	$29d$	$27d$	$25d$	$23d$	$22d$	$21d$	$21d$
HRB400 HRBF400 RRB400	一、二级	—	$46d$	$40d$	$37d$	$33d$	$32d$	$31d$	$30d$	$29d$
	三级	—	$42d$	$37d$	$34d$	$30d$	$29d$	$28d$	$27d$	$26d$
	四级	—	$40d$	$35d$	$32d$	$29d$	$28d$	$27d$	$26d$	$25d$
HRB500 HRBF500	一、二级	—	$55d$	$49d$	$45d$	$41d$	$39d$	$37d$	$36d$	$35d$
	三级	—	$50d$	$45d$	$41d$	$38d$	$36d$	$34d$	$33d$	$32d$
	四级	—	$48d$	$43d$	$39d$	$36d$	$34d$	$32d$	$31d$	$30d$

钢筋机械锚固形式和技术要求	表 5-13

锚固形式	技术要求
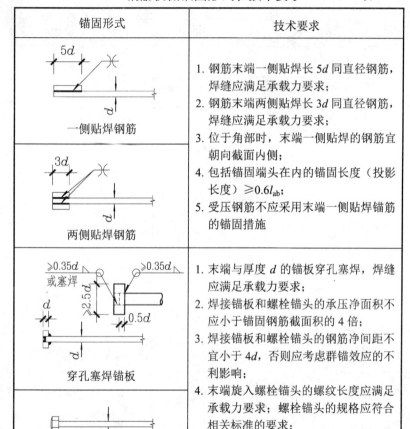 一侧贴焊钢筋 两侧贴焊钢筋 穿孔塞焊锚板 螺栓锚头	1. 钢筋末端一侧贴焊长 $5d$ 同直径钢筋，焊缝应满足承载力要求； 2. 钢筋末端两侧贴焊长 $3d$ 同直径钢筋，焊缝应满足承载力要求； 3. 位于角部时，末端一侧贴焊的钢筋宜朝向截面内侧； 4. 包括锚固端头在内的锚固长度（投影长度）$\geq 0.6 l_{ab}$； 5. 受压钢筋不应采用末端一侧贴焊锚筋的锚固措施 1. 末端与厚度 d 的锚板穿孔塞焊，焊缝应满足承载力要求； 2. 焊接锚板和螺栓锚头的承压净面积不应小于锚固钢筋截面积的 4 倍； 3. 焊接锚板和螺栓锚头的钢筋净间距不宜小于 $4d$，否则应考虑群锚效应的不利影响； 4. 末端旋入螺栓锚头的螺纹长度应满足承载力要求；螺栓锚头的规格应符合相关标准的要求； 5. 包括锚固端头在内的锚固长度（投影长度）$\geq 0.6 l_{ab}$

钢筋弯钩锚固形式和技术要求	表 5-14

锚固形式	技术要求
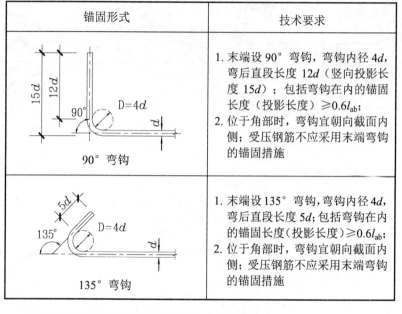 90° 弯钩 135° 弯钩	1. 末端设 90° 弯钩，弯钩内径 $4d$，弯后直段长度 $12d$（竖向投影长度 $15d$）；包括弯钩在内的锚固长度（投影长度）$\geq 0.6 l_{ab}$； 2. 位于角部时，弯钩宜朝向截面内侧；受压钢筋不应采用末端弯钩的锚固措施 1. 末端设 135° 弯钩，弯钩内径 $4d$，弯后直段长度 $5d$；包括弯钩在内的锚固长度（投影长度）$\geq 0.6 l_{ab}$； 2. 位于角部时，弯钩宜朝向截面内侧；受压钢筋不应采用末端弯钩的锚固措施

钢筋采用机械锚固或弯钩锚固形式时应注意：

1. 机械锚固的投影长度，为表 5-13 锚固形式图示中包括锚固端头在内的平行（水平）投影长度。

2. 钢筋弯钩锚固的投影长度，为表 5-14 锚固形式图示中直锚段与弯钩段包括部分弯弧在内的两段平行投影长度之和（对 135° 弯钩锚固约等于轴线展开长度）。

3. 现行规范对框架梁柱节点中纵向受拉钢筋采用弯钩锚固与机械锚固形式另有规定，详见相应构件的通用构造详图。

图 5.1 同一连接区段纵向受拉钢筋绑扎搭接接头

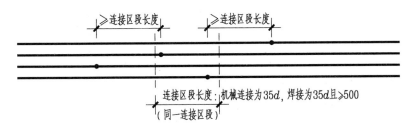

图 5.2 同一连接区段纵向受拉钢筋机械连接、焊接接头

注：1. 凡绑扎搭接接头中点位于 $1.3l_l$ 连接区段长度内的绑扎搭接接头均属同一连接区段；凡机械连接或焊接连接点位于连接区段长度内的机械连接或焊接接头均属同一连接区段；在同一连接区段内连接的纵向钢筋是同一批连接的钢筋。

2. 在同一连接区段内连接的纵向钢筋，其搭接、机械连接或焊接接头面积百分率为该区段内有搭接、机械连接或焊接接头的纵向受力钢筋截面面积与全部纵向钢筋截面面积的比值（当直径相同时，图示钢筋搭

接接头面积百分率为 50%）。当直径不同的钢筋搭接时，按直径较小的钢筋计算。

3. 位于同一连接区段内的受拉钢筋搭接接头面积百分率，对梁类、板类及墙类构件不宜大于 25%，对柱类构件不宜大于 50%。当工程中确有必要增大受拉钢筋搭接接头面积百分率时，对梁类构件不宜大于 50%，对板、墙、柱、及预制构件的拼接处，可根据实际情况放宽。

4. 轴心受拉及小偏心受拉杆件的纵向受力钢筋不得采用绑扎搭接；其他构件中的钢筋采用绑扎搭接时，受拉钢筋直径不宜大于 25mm，受压钢筋直径不宜大于 28mm。

5. 当采用非接触绑扎搭接[1]时，搭接接头钢筋的横向净距不应小于较小钢筋直径，且不应小于 25mm，不应大于 $0.2l_{ab}$。

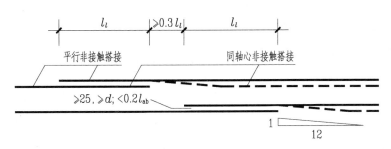

图 5.3 平行或同轴心非接触搭接示意

---

[1] 钢筋绑扎搭接实质为两根交错钢筋分别在混凝土中的粘结锚固。非接触搭接头之间保持最小净距，使混凝土对钢筋完全握裹，可实现较高粘结强度，能实际加大按现行规范规定计算的搭接长度裕量，从而有效提高钢筋搭接连接的可靠度。

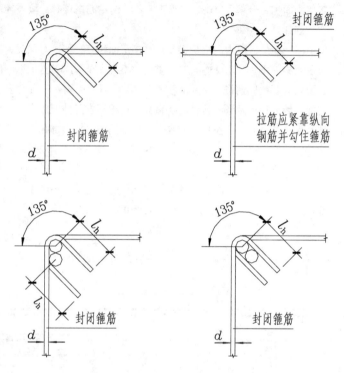

图 5.4　梁、柱封闭箍筋和柱拉筋弯钩构造

注：1. 当构件抗震或受扭，或当构件非抗震但柱中全部纵向钢筋配筋率大于
3%时，箍筋弯钩端头平直段长度 l_h 不应小于 10d 和 75mm 中的较大
值。

2. 当构件非抗震时，l_h 不应小于 5d（不包括柱中全部纵向钢筋配筋率大
于 3%的情况）。

3. 设计如无特殊要求，封闭箍筋弯钩部位可位于构件截面的任意一角，
且宜避开纵向钢筋的搭接范围。

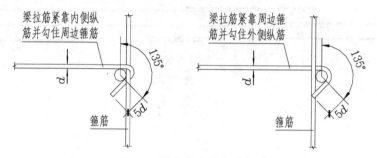

图 5.5　梁拉筋弯钩构造

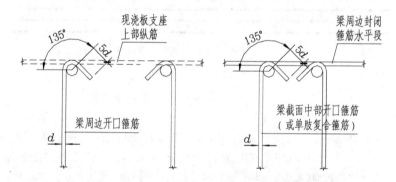

图 5.6　梁周边与截面中部开口箍筋和单肢箍筋弯钩构造

注：1. 当现浇板厚度满足梁横向钢筋弯钩锚固要求时，梁可采用开口箍筋。

2. 当现浇板厚度不满足梁横向钢筋弯钩锚固要求，且当梁配置复合箍筋
时，梁周边采用封闭箍筋，而梁截面中部可采用开口箍筋。

梁、柱封闭箍筋和柱拉筋弯钩构造，梁拉筋弯钩构造，
梁周边与截面中部开口箍筋和单肢箍筋弯钩构造

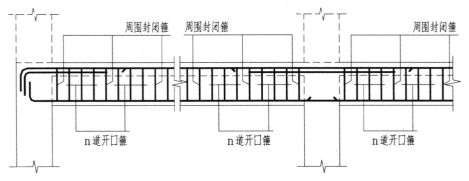

（a）非抗震框架梁

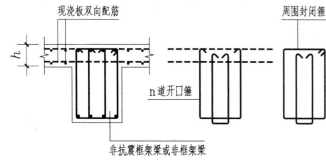

（c）n道开口箍筋与周围封闭箍筋

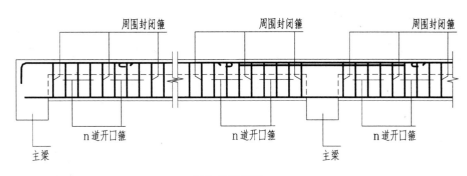

（b）非框架梁

图 5.7 梁采用非封闭箍筋的一般条件

注：

1. 现浇梁板楼层结构中的非框架梁或非抗震框架梁，当按计算不需要配置受压纵筋，且不需要计算配置受扭封闭箍筋时，可有条件采用非封闭箍筋（开口箍）。

2. 采用开口箍，现浇板的板厚 h 通常不小于 120mm，当考虑箍筋受拉时，应按 135° 弯钩锚固形式验算板厚是否满足开口箍在板中的锚固要求。

3. 当梁全部采用开口箍筋时，梁上部纵筋与板上部纵筋交叉绑扎并由板纵筋支撑定位（板上部纵筋应在近板端增设施工支撑）；当按传统绑扎方式固定梁上部纵筋时，可采用每隔数道开口箍设置一道封闭箍筋的方式，封闭箍的间距、数量应满足施工支撑梁纵筋需要。

4. 当梁需按构造配置受扭封闭箍筋，且其间距为总体配置箍筋间距两倍即可满足要求时，可与开口箍间互设置。

5. 当梁仅在一侧有现浇板时（如边梁），不适合采用开口箍。

第6章 柱通用构造详图

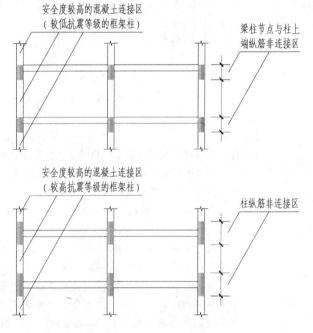

图 6.1 安全度较高的抗震框架柱混凝土连接区

注：抗震框架柱纵向钢筋的连接及柱混凝土的连接，均宜在受力较小处。柱上端和下端地震作用力较大，混凝土施工缝避开此处有利于混凝土破坏不先于钢筋屈服，以满足极限状态设计原则。

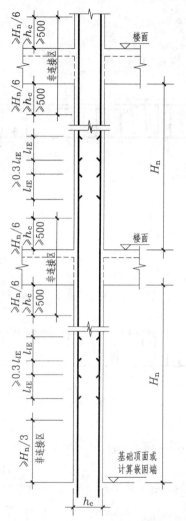

图 6.2 抗震框架柱KZ纵向钢筋绑扎搭接构造

注：
1. 相邻纵向钢筋搭接连接接头应相互错开，在同一连接区段内钢筋接头面积百分率不宜超过 50%。
2. 小偏心受拉框架柱纵筋不应采用绑扎搭接接头，设计者应在柱平法结构施工图中注明小偏心受拉柱的平面位置及所在层数。
3. 本图适用于：①上柱与下柱的柱截面相同；②上柱纵筋直径与下柱相同或小于下柱；③上柱纵筋根数与下柱相同或少于下柱。
4. 当某层连接区高度小于纵筋分两批搭接所需高度时，宜采用机械连接或焊接连接。
5. 当计算嵌固部位在地面首层以下的地下室楼（地）面，且地下一层的侧向刚度与地面首层相差较大时，如需将地面首层的框架柱下端非连接区加大至 $H_n/3$，设计者应加以注明。

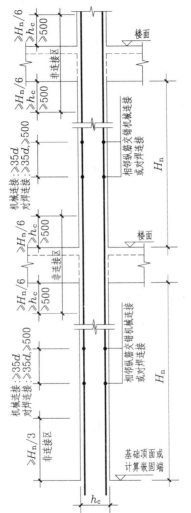

注:

1. 相邻纵向钢筋机械连接或对焊连接接头应相互错开,在同一连接区段内钢筋接头面积百分率不宜超过50%。

2. 本图适用于:①上柱与下柱的柱截面相同;②上柱纵筋直径与下柱相同或小于下柱;③上柱纵筋根数与下柱相同。

3. 当对上柱纵筋直径小于下柱情况采用机械连接或对焊连接时,连接所用特殊接头类型、质量及工艺应符合国家现行相关标准。

4. 柱纵筋如必须在非连接区柱端范围连接时,应从严控制机械连接、焊接连接的接头面积百分率和连接质量,并避免在梁柱节点内连接。

5. 当计算嵌固部位在地面首层以下的地下室楼(地)面,且地下一层的侧向刚度与地面首层相差较大时,如需将地面首层的框架柱下端非连接区加大至 $H_n/3$,设计者应加以注明。

图 6.3 抗震框架柱KZ纵向钢筋机械连接、焊接连接构造

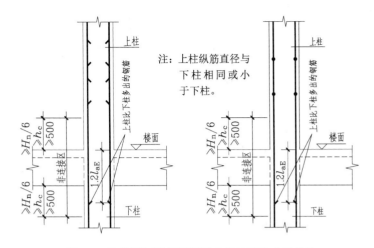

注:上柱纵筋直径与下柱相同或小于下柱。

图 6.4 抗震框架柱纵筋根数上柱比下柱多时构造

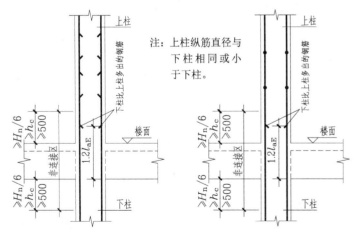

注:上柱纵筋直径与下柱相同或小于下柱。

图 6.5 抗震框架柱纵筋根数下柱比上柱多时构造

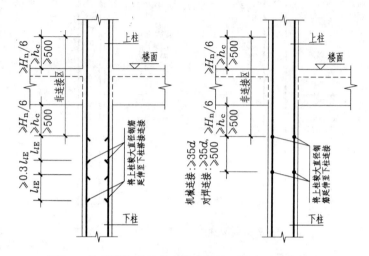

图 6.6 抗震框架柱纵筋直径上柱比下柱大时连接构造

注：1. 抗震框架柱纵筋直径上柱比下柱大且上柱与下柱钢筋根数相
同时，应将上柱较大直径的钢筋延伸至下柱进行连接。

2. 当采用机械连接接头时，连接不同直径钢筋的机械连接接头
类型和质量应符合国家现行相关标准。

3. 当对不同直径的钢筋采用对焊连接时，应对较大直径钢筋端
头进行磨削，使尽端过渡为较小直径后再进行对焊连接，且
应符合相关焊接质量标准。

4. 可将上柱钢筋进行等强度、等面积代换，将其较大钢筋直径
代换为与下柱较小钢筋同直径，代换后上柱钢筋根数相应增
加，上柱与下柱纵筋连接应采用"抗震框架柱纵筋根数上柱比
下柱多时构造"（详见图 6.4），且应注意上柱纵筋根数增加

后，纵筋净间距不应小于 50mm，其相应的复合箍筋亦应满足
"隔一箍一"的抗震构造要求。

5. 当纵筋配置根数相对较多时，也可将下柱钢筋进行等强度、
等面积代换，将其较小钢筋直径代换为与上柱较大钢筋同直
径，代换后下柱钢筋根数相应减少，上柱与下柱纵筋连接也
应采用"抗震框架柱纵筋根数上柱比下柱多时构造"（详见图
6.4），且应注意下柱纵筋根数减少后，纵筋净间距不宜大于
300mm。

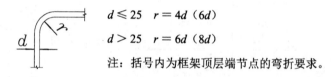

$$d \leqslant 25 \quad r = 4d（6d）$$
$$d > 25 \quad r = 6d（8d）$$

注：括号内为框架顶层端节点的弯折要求。

图 6.7 柱纵筋弯折内径要求

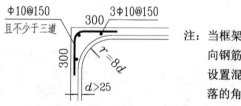

注：当框架顶层端节点角部纵
向钢筋直径 $d > 25$ 时，应
设置混凝土防开裂、防剥
落的角部附加钢筋。

图 6.8 框架顶层端节点角部附加钢筋构造

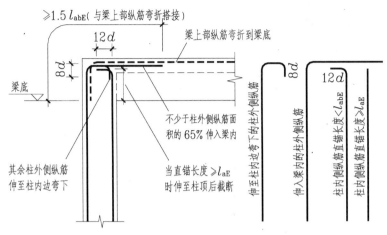

图 6.9 抗震KZ边柱与角柱柱顶纵筋弯折搭接基本构造

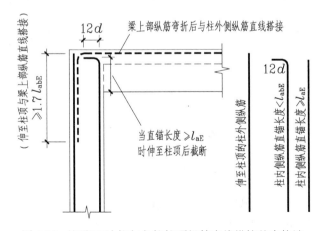

图 6.10 抗震KZ边柱与角柱柱顶纵筋直线搭接基本构造

注：1. 图 6.9、图 6.10 分别为抗震 KZ 边柱与角柱柱顶纵筋弯折搭接、直线搭接基本构造。图中所示柱外侧纵筋与梁上部纵筋的弯折搭接长度≥$1.5l_{abE}$ 和直线搭接长度≥$1.7l_{abE}$，均符合现行《混凝土结构设计规范》GB50010-2010 中的相应规定。但应注意，现行《高层建筑混凝土结构技术规程》JGJ3-2010 中对相同部位的构造规定与《混凝土结构设计规范》不同，其中，弯折搭接长度为≥$1.5l_{aE}$，直线搭接长度为≥$1.7l_{aE}$。

2. 当柱顶纵筋采用弯折搭接构造，而梁的宽度无法满足"伸入梁内的柱外侧钢筋截面面积不宜小于其全部面积的 65%"的要求，但现浇屋面板厚度不小于100mm时，可把无法伸入梁内的不足65%的柱外侧纵筋伸入现浇板内。此外，其他在梁宽度以外的柱外侧纵向钢筋也可伸入现浇板内，其长度与伸入梁内的柱外侧纵向钢筋相同。

3. 当梁的截面高度较高，柱外侧纵筋采用弯折搭接的具体构造见图6.11 和图 6.12；采用直线搭接的具体构造图 6.13。

4. 当柱外侧纵向钢筋的配筋率大于 1.2%时，弯折伸入梁内或部分伸入梁内的柱纵向钢筋应满足图 6.14、图 6.15 或图 6.16 注明的弯折搭接长度，且宜分两批截断。当梁上部纵向钢筋的配筋率大于 1.2%时，弯入柱外侧的梁上部纵向钢筋应满足图 6.17、图 6.18 或图 6.19 注明的直线搭接长度，且宜分两批截断。

5. 图中所示弯折搭接或直线搭接长度以相互搭接钢筋中的较小直径计算(本页后续各图均同)。图中所示弯钩长度为正投影长度(包括弯弧段)，弯折搭接长度为两段弯钩各自正投影长度之和。

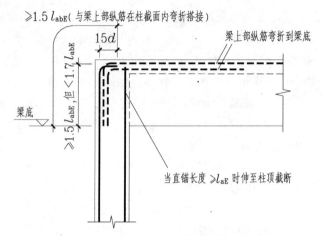

图 6.11 抗震KZ边柱与角柱柱顶纵筋弯折搭接柱内截断构造 (1)

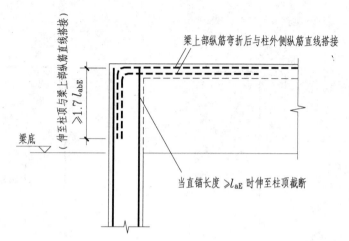

图 6.13 抗震KZ边柱与角柱柱顶纵筋直线搭接柱内截断构造 (1)

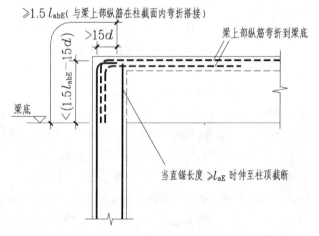

图 6.12 抗震KZ边柱与角柱柱顶纵筋弯折搭接柱内截断构造 (2)

注: 1. 当梁的截面高度较大, 梁、柱纵向钢筋直径相对较小 (或两者之一的直径较小) 时, 柱顶纵筋采用弯折搭接方式未到柱边即可满足 $\geqslant 1.5 l_{abE}$ 要求, 或采用直线搭接方式梁纵筋未到梁底即可满足 $\geqslant 1.7 l_{abE}$ 的要求, 此时搭接构造可根据图示条件采用图6.11、图6.12 或图6.13。

2. 同样情况下宜将弯折搭接方式与直线搭接方式进行比较, 尽量采用节约材料、施工方便的构造 (通常情况采用直线搭接方式钢材用量较少)。

3. 当采用弯折搭接构造时, 应注意设置混凝土防开裂、防剥落的角部附加钢筋。

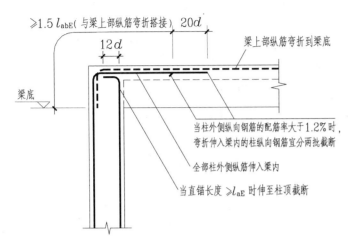

图 6.14 抗震KZ边柱与角柱柱顶纵筋弯折搭接分批截断构造(1)

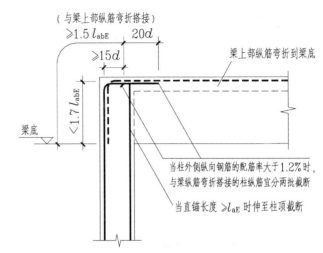

图 6.16 抗震KZ边柱与角柱柱顶纵筋弯折搭接分批截断构造(3)

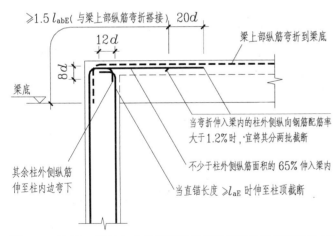

图 6.15 抗震KZ边柱与角柱柱顶纵筋弯折搭接分批截断构造(2)

注：1. 当柱外侧纵向钢筋配筋率大于1.2%时，采用弯折搭接构造的柱纵向钢筋宜分两批截断（第一批应小于1.2%），其构造根据图示条件选用图 6.14、图 6.15 或图 6.16。

2. 柱外侧纵向钢筋配筋率，为柱外侧所有纵筋(包括两根角筋)的截面面积除以柱截面面积所得百分比。柱截面面积为 $b \times h$，其中 b 为柱截面宽度，h 为柱截面高度。

3. 当柱外侧纵向钢筋配筋率大于1.2%，而与其弯折搭接的梁上部纵筋配筋率不大于1.2%时，若将柱纵筋搭接方式更换为直线搭接，可避免采用分批截断构造。

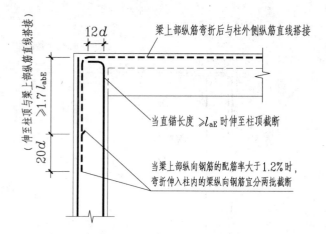

图 6.17 抗震KZ边柱与角柱柱顶纵筋直线搭接分批截断构造(1)

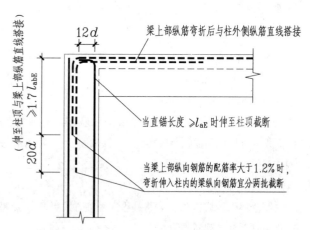

图 6.18 抗震KZ边柱与角柱柱顶纵筋直线搭接分批截断构造(2)

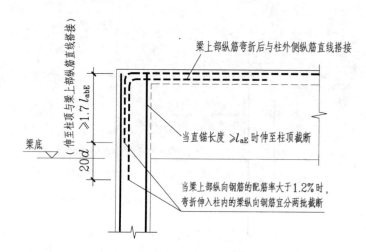

图 6.19 抗震KZ边柱与角柱柱顶纵筋直线搭接分批截断构造(3)

注：1. 当梁上部纵向钢筋配筋率大于1.2%时，采用直线搭接构造的梁纵向钢筋宜分两批截断（第一批应小于1.2%），其构造根据图示条件选用图6.17、图6.18或图6.19。

2. 梁上部纵向钢筋配筋率，为梁上部计算截面所有纵筋的截面面积除以梁有效截面面积所得百分比。梁有效截面面积为 $b \times h_0$，$h_0 = h - a'$，其中 b 为梁截面宽度，h_0 为梁截面有效高度，h 为梁截面高度，a' 为梁上部纵筋合力点至截面上边缘的距离。

3. 当梁上部纵筋配置三排[1]时，第一、二排筋配筋率不大于 1.2% 时，两排筋可同在第一批截断，第三排纵筋在第二批截断。

---

[1] 同一构件、同一部位的同向平行纵筋分排设置，排与排之间应有最小净距。

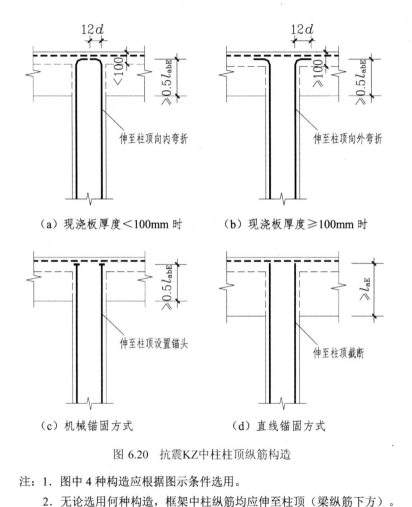

（a）现浇板厚度＜100mm时　（b）现浇板厚度≥100mm时

（c）机械锚固方式　（d）直线锚固方式

图 6.20　抗震KZ中柱柱顶纵筋构造

注：1. 图中4种构造应根据图示条件选用。

2. 无论选用何种构造，框架中柱纵筋均应伸至柱顶（梁纵筋下方）。

3. 当直锚长度小于 $0.5l_{abE}$ 时，宜由设计者采取相应调整措施。

（a）（$c/h_b \leqslant 1/6$）单侧缩进　　（b）（$c/h_b \leqslant 1/6$）双侧缩进

（c）（$c/h_b > 1/6$）单侧缩进　　（d）（$c/h_b > 1/6$）双侧缩进

图 6.21　抗震KZ柱变截面位置纵筋构造

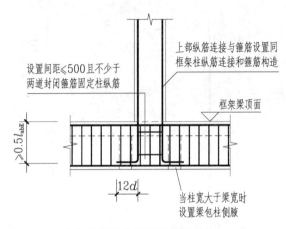

设置间距≤500且不少于
两道封闭箍筋固定柱纵筋

上部纵筋连接与箍筋设置同
框架柱纵筋连接和箍筋构造

框架梁顶面

≥0.5l_{abE}

12d

当柱宽大于梁宽时
设置梁包柱侧腋

（a）普通梁上柱纵筋锚固构造

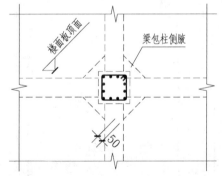

楼面板顶面

梁包柱侧腋

50

（b）当柱宽大于梁宽时设置梁包柱侧腋

图 6.22　普通梁上抗震柱LZ锚固构造

注：设置在抗震框架梁上的普通梁上柱，柱身纵筋连接与箍筋设置均应
　　符合相应抗震构造规定，具体构造同抗震框架柱。

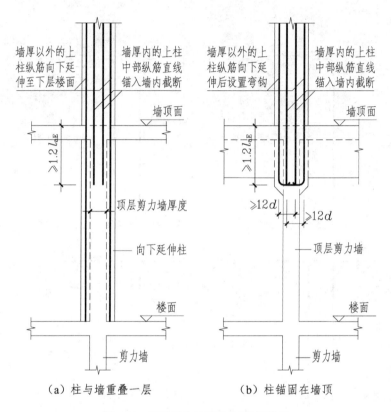

墙厚以外的上
柱纵筋向下延
伸至下层楼面

墙厚内的上柱
中部纵筋直线
锚入墙内截断

墙顶面

≥1.2l_{aE}

顶层剪力墙厚度

向下延伸柱

楼面

剪力墙

（a）柱与墙重叠一层

墙厚以外的上
柱纵筋向下延
伸后设置弯钩

墙厚内的上柱
中部纵筋直线
锚入墙内截断

墙顶面

≥1.2l_{aE}

≥12d　≥12d

顶层剪力墙

楼面

剪力墙

（b）柱锚固在墙顶

图 6.23　普通墙上抗震柱QZ锚固构造

注：1. 设置在抗震剪力墙顶部的普通墙上柱，柱身纵筋连接与箍筋设置均
　　　应符合相应抗震构造规定，具体构造同抗震框架柱。
　　2. 柱与墙重叠一层时，重叠层高内的柱箍筋按上柱非加密区箍筋设置；
　　　柱锚固在墙顶时，墙顶以下纵筋锚固范围内的柱箍筋按上柱加密区
　　　箍筋设置；且二者与墙身平面平行的一向柱中部复合箍均可不设。

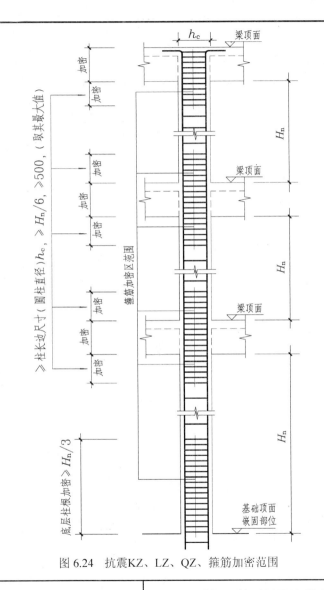

图 6.24 抗震KZ、LZ、QZ、箍筋加密范围

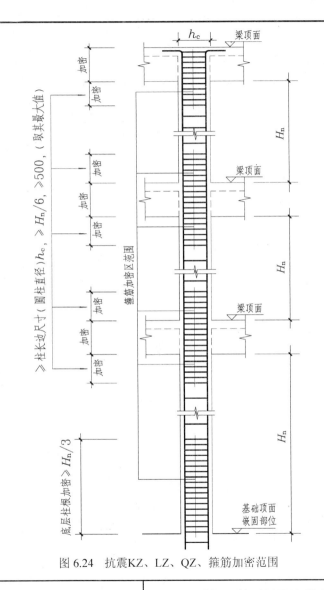

图 6.25 刚性地面上下箍筋加密范围

注：1. 除具体工程设计标注为全高加密的框架柱外，一至四级抗震等级的框架柱箍筋按图 6.24 所示箍筋加密区范围加密。当地面首层刚性地面上、下各 500mm 范围位于非加密区，或未完全被加密区覆盖时，按图 6.25 所示范围加密箍筋。

2. 当框架柱采用搭接连接时，在搭接范围内均按直径不小于 $d/4$（d 为搭接钢筋较大直径）、间距不大于 5d 及不大于 100mm 加密箍筋。纵筋搭接范围内的周边箍筋弯钩，宜设置在非搭接角筋位置。

3. 当纵筋搭接范围内的非加密箍筋间距不大于加密箍筋间距的 2 倍时，可在该范围非加密箍筋间距中部加设一道周边封闭箍筋满足加密要求。

4. H_n 为所在楼层层高扣除框架梁截面高度后的柱净高。

5. 为便于施工时确定柱箍筋加密区高度，可按表 6-1 数据查用。

表6-1

抗震框架柱箍筋加密区高度选用表

注：
1. A区为柱净高（包括因嵌砌填充墙等形成的柱净高）与柱截面长边尺寸或圆柱直径之比 $H_n/h_c < 4$ 的短柱，其箍筋应沿柱全高加密；
2. B区箍筋加密高度为500（三控值中的最大值）；
3. C区箍筋加密高度为 h_c（三控值中的最大值）；
4. D区箍筋加密高度为 $H_n/6$（三控值中的最大值）。

底层柱下端加密 $H_n/3$　注：将本栏数值与 h_c、D 比较后取较大者

柱净高 H_n (mm)	400	450	500	550	600	650	700	750	800	850	900	950	1000	1050	1100	1150	1200	1250	1300	底层柱下端加密 $H_n/3$
1500																				
1800	500																			
2100	500	500	500					(A区)												
2400	500	(B区)	500	550																800
2700	500	500	500	550	600	650														900
3000	500	500	500	550	600	650	700													1000
3300	550	550	550	550	600	650	700	750	800											1100
3600	600	600	600	600	600	650	700	750	800	850										1200
3900	650	650	650	650	650	650	700	750	800	850	900	950								1300
4200	700	700	700	700	700	700	700	750	800	850	900	950	1000							1400
4500	750	750	750	750	750	750	750	750	800	850	900	950	1000	1050	1100					1500
4800	800	800	800	800	800	800	800	800	800	850	900	950	1000	1050	1100	1150				1600
5100	850	850	850	850	850	850	850	850	850	900	950	1000	1000 (C区)	1100	1100	1150	1200	1250		1700
5400	900	900	900	900	900	900	900	900	900	900	900	950	1000	1050	1100	1150	1200	1250	1300	1800
5700	950	950	950	950	(D区)	950	950	950	950	950	950	950	1000	1050	1100	1150	1200	1250	1300	1900
6000	1000	1000	1000	1000		1000	1000	1000	1000	1000	1000	1000	1000	1050	1100	1150	1200	1250	1300	2000
6300	1050	1050	1050	1050	1050	1050	1050	1050	1050	1050	1050	1050	1050	1050	1100	1150	1200	1250	1300	2100
6600	1100	1100	1100	1100	1100	1100	1100	1100	1100	1100	1100	1100	1100	1100	1100	1150	1200	1250	1300	2200
6900	1150	1150	1150	1150	1150	1150	1150	1150	1150	1150	1150	1150	1150	1150	1150	1150	1200	1250	1300	2300
7200	1200	1200	1200	1200	1200	1200	1200	1200	1200	1200	1200	1200	1200	1200	1200	1200	1200	1250	1300	2400
7500	1250	1250	1250	1250	1250	1250	1250	1250	1250	1250	1250	1250	1250	1250	1250	1250	1250	1250	1300	2500
7800	1300	1300	1300	1300	1300	1300	1300	1300	1300	1300	1300	1300	1300	1300	1300	1300	1300	1300	1300	2600
8100	1350	1350	1350	1350	1350	1350	1350	1350	1350	1350	1350	1350	1350	1350	1350	1350	1350	1350	1350	2700

柱截面长边尺寸 h_c 或圆柱直径 D (mm)

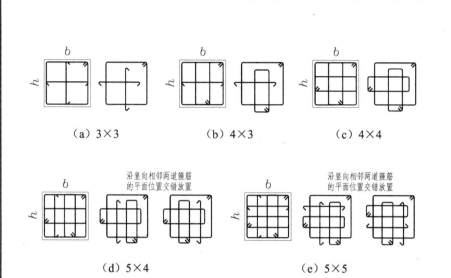

（a）3×3   （b）4×3   （c）4×4

沿竖向相邻两道箍筋
的平面位置交错放置

沿竖向相邻两道箍筋
的平面位置交错放置

（d）5×4   （e）5×5

沿竖向相邻两道箍筋
的平面位置交错放置

（f）6×5   （g）6×6

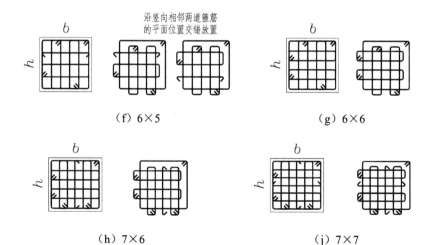

（h）7×6   （j）7×7

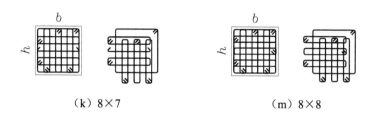

（k）8×7   （m）8×8

图6.26 矩形箍筋m×n复合方式

注：1. 矩形箍筋采用周边大箍内套小箍方式。沿周边大箍局部仅有一道内套小箍短边与其平行接触，使混凝土对所有箍筋表面保持较大粘结面积。

2. 柱截面内部的复合箍筋可采用拉筋。

3. 箍筋和拉筋弯钩构造详见第五章相应构造规定。

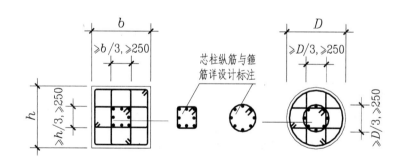

芯柱纵筋与箍
筋详设计标注

图6.27 芯柱XZ尺寸与配筋构造

注：1. 芯柱纵筋构造同框架柱。

2. 本图所示圆形截面框架柱的芯柱截面为圆形，但亦可为矩形。

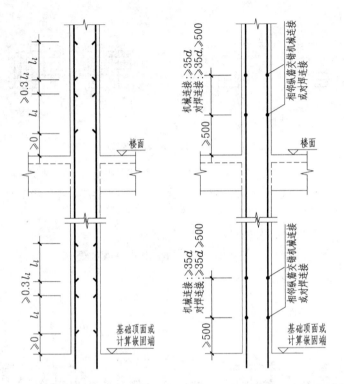

图 6.28 非抗震框架柱KZ纵向钢筋绑扎搭接、机械连接或焊接连接构造

注：1. 相邻纵向钢筋绑扎搭接、机械连接或对焊连接接头应相互错开，在同一连接区段内钢筋接头面积百分率不宜超过 50%。

2. 本图适用于：①上柱与下柱的柱截面相同；②上柱纵筋直径与下柱相同或小于下柱；③上柱纵筋根数与下柱相同。

3. 当对上柱纵筋直径小于下柱情况采用机械连接或对焊连接时，连接所用特殊接头类型、质量及工艺应符合国家现行相关标准。

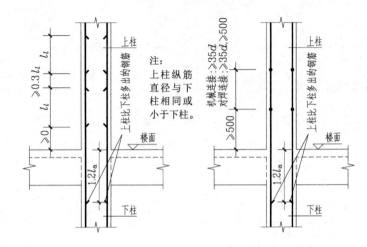

图 6.29 非抗震框架柱纵筋根数上柱比下柱多时构造

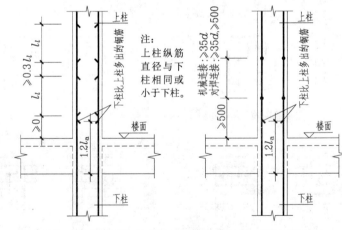

图 6.30 非抗震框架柱纵筋根数下柱比上柱多时构造

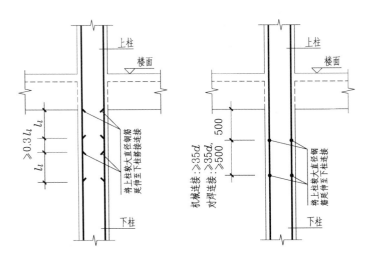

图 6.31 非抗震框架柱纵筋直径上柱比下柱大时连接构造

注：1. 非抗震框架柱纵筋直径上柱比下柱大且上柱与下柱钢筋根数
相同时，应将上柱较大直径的钢筋延伸至下柱进行连接。

2. 当采用机械连接接头时，连接不同直径钢筋的机械连接接头
类型和质量应符合国家现行相关标准。

3. 当对不同直径的钢筋采用对焊连接时，应对较大直径钢筋端
头进行磨削，使尽端过渡为较小直径后再进行对焊连接，且
应符合相关焊接质量标准。

4. 可将上柱钢筋进行等强度、等面积代换，将其较大钢筋直径
代换为与下柱较小钢筋同直径，代换后上柱钢筋根数相应增
加，上柱与下柱纵筋连接应采用"抗震框架柱纵筋根数上柱
比下柱多时构造"（详见 图 6.29），且应注意上柱纵筋根数

增加后，纵筋净间距不应小于 50mm，其相应的复合箍筋亦应
满足箍筋肢距等构造要求。

5. 当纵筋配置根数相对较多时，也可将下柱钢筋进行等强度、
等面积代换，将其较小钢筋直径代换为与上柱较大钢筋同直
径，代换后下柱钢筋根数相应减少，上柱与下柱纵筋连接也
应采用"抗震框架柱纵筋根数上柱比下柱多时构造"（详见
图 6.29），且应注意下柱纵筋根数减少后，纵筋净间距不宜
大于 300mm。

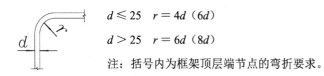

$d \leqslant 25$　　$r = 4d$（$6d$）

$d > 25$　　$r = 6d$（$8d$）

注：括号内为框架顶层端节点的弯折要求。

图 6.32　柱纵筋弯折内径要求

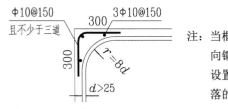

注：当框架顶层端节点角部纵
向钢筋直径 $d > 25$ 时，应
设置混凝土防开裂、防剥
落的角部附加钢筋。

图 6.33　框架顶层端节点角部附加钢筋构造

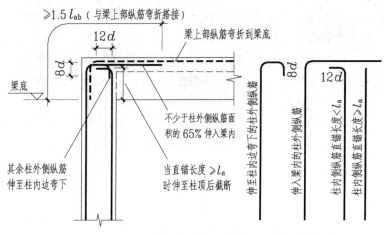

图 6.34 非抗震KZ边柱与角柱柱顶纵筋弯折搭接基本构造

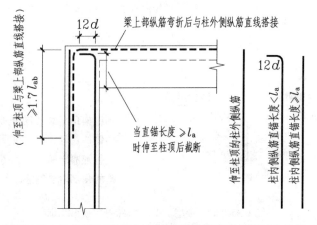

图 6.35 非抗震KZ边柱与角柱柱顶纵筋直线搭接基本构造

注：1. 图 6.34、图 6.35 分别为非抗震 KZ 边柱与角柱柱顶纵筋弯折搭接、直线搭接基本构造。图中所示柱外侧纵筋与梁上部纵筋的弯折搭接长度≥$1.5l_{ab}$ 和直线搭接长度≥$1.7l_{ab}$，均符合现行《混凝土结构设计规范》GB50010-2010 中的相应规定。但应注意，现行《高层建筑混凝土结构技术规程》JGJ3-2010 中对相同部位的构造规定与《混凝土结构设计规范》不同，其中，弯折搭接长度为≥$1.5l_a$，直线搭接长度为≥$1.7l_a$。

2. 当柱顶纵筋采用弯折搭接构造，而梁的宽度无法满足"伸入梁内的柱外侧钢筋截面面积不宜小于其全部面积的 65%"的要求，但现浇屋面板厚度不小于100mm时，可把无法伸入梁内的不足 65% 的柱外侧纵筋伸入现浇板内。此外，其他在梁宽度以外的柱外侧纵向钢筋也可伸入现浇板内，其长度与伸入梁内的柱外侧纵向钢筋相同。

3. 当梁的截面高度较高，柱外侧纵筋采用弯折搭接的具体构造见图 6.36 和图 6.37；采用直线搭接的具体构造图 6.38。

4. 当柱外侧纵向钢筋的配筋率大于 1.2%时，弯折伸入梁内或部分伸入梁内的柱纵向钢筋应满足图 6.39、图 6.40 或图 6.41 注明的弯折搭接长度，且宜分两批截断。当梁上部纵向钢筋的配筋率大于 1.2%时，弯入柱外侧的梁上部纵向钢筋应满足图 6.42、图 6.43 或图 6.44 注明的直线搭接长度，且宜分两批截断。

5. 图中所示弯折搭接或直线搭接长度，以相互搭接钢筋中的较小直径计算（本页后续各图均同）。图中所示弯钩长度为正投影长度（包括弯弧段），弯折搭接长度为两段弯钩各自正投影长度之和。

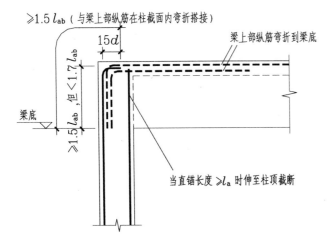

图 6.36　非抗震KZ边柱与角柱柱顶纵筋弯折搭接柱内截断构造(1)

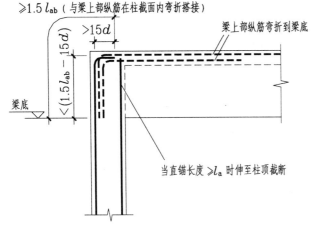

图 6.37　非抗震KZ边柱与角柱柱顶纵筋弯折搭接柱内截断构造(2)

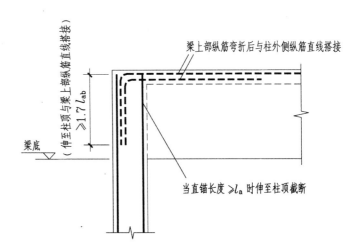

图 6.38　非抗震KZ边柱与角柱柱顶纵筋直线搭接柱内截断构造(1)

注：1. 当梁的截面高度较大，梁、柱纵向钢筋直径相对较小（或两者之一的直径较小）时，柱顶纵筋采用弯折搭接方式未到柱边即可满足 $\geqslant 1.5 l_{abE}$ 要求，或采用直线搭接方式梁纵筋未到梁底即可满足 $\geqslant 1.7 l_{abE}$ 的要求，此时搭接构造可根据图示条件采用图6.11、图6.12或图6.12。

2. 同样情况下宜将弯折搭接方式与直线搭接方式进行比较，尽量采用节约材料、施工方便的构造（通常情况采用直线搭接方式钢材用量较少）。

3. 当采用弯折搭接构造时，应注意设置混凝土防开裂、防剥落的角部附加钢筋。

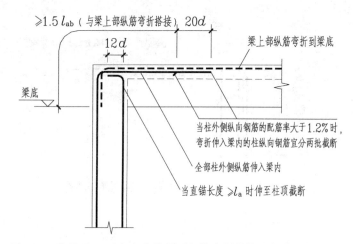

图6.39 非抗震KZ边柱与角柱柱顶纵筋弯折搭接分批截断构造(1)

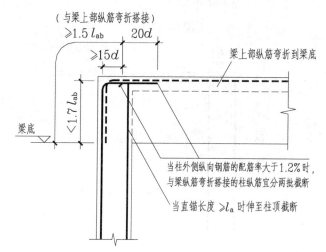

图6.41 非抗震KZ边柱与角柱柱顶纵筋弯折搭接分批截断构造(3)

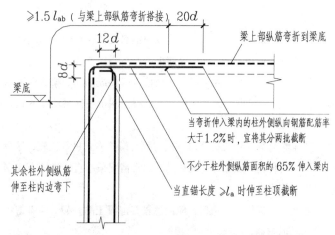

图6.40 非抗震KZ边柱与角柱柱顶纵筋弯折搭接分批截断构造(2)

注: 1. 当柱外侧纵向钢筋配筋率大于1.2%时,采用弯折搭接构造的柱纵向钢筋宜分两批截断(第一批应小于1.2%),其构造根据图示条件选用图6.14、图6.15或图6.16。

2. 柱外侧纵向钢筋配筋率,为柱外侧所有纵筋(包括两根角筋)的截面面积除以柱截面面积所得百分比。柱截面面积为$b \times h$,其中b为柱截面宽度,h为柱截面高度。

3. 当柱外侧纵向钢筋配筋率大于1.2%,而与其弯折搭接的梁上部纵筋配筋率不大于1.2%时,若将柱纵筋搭接方式更换为直线搭接,可避免采用分批截断构造。

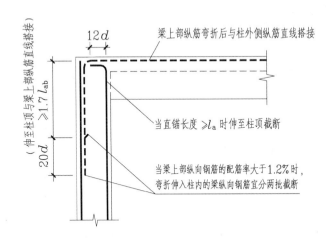

图 6.42 非抗震KZ边柱与角柱柱顶纵筋直线搭接分批截断构造(1)

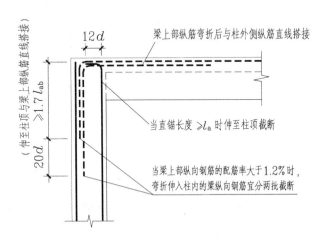

图 6.43 非抗震KZ边柱与角柱柱顶纵筋直线搭接分批截断构造(2)

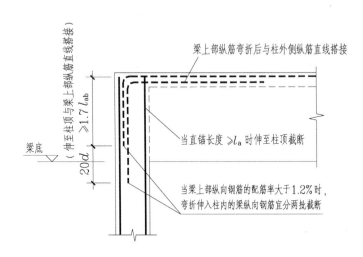

图 6.44 非抗震KZ边柱与角柱柱顶纵筋直线搭接分批截断构造(3)

注：1. 当梁上部纵向钢筋配筋率大于1.2%时，采用直线搭接构造的梁纵
向钢筋宜分两批截断（第一批应小于1.2%），其构造根据图示条
件选用图 6.17、图 6.18 或图 6.19。

2. 梁上部纵向钢筋配筋率，为梁上部计算截面所有纵筋的截面面积
除以梁有效截面面积所得百分比。梁有效截面面积为 $b \times h_0$，h_0
$= h - a'$，其中 b 为梁截面宽度，h_0 为梁截面有效高度，h 为梁
截面高度，a' 为梁上部纵筋合力点至截面上边缘的距离。

3. 当梁上部纵筋配置三排[1]时，第一、二排纵筋配筋率不大于 1.2%
时，两排筋可同在第一批截断，第三排纵筋在第二批截断。

---

[1] 同一构件、同一部位的同向平行纵筋分排设置，排与排之间应有最小净距。

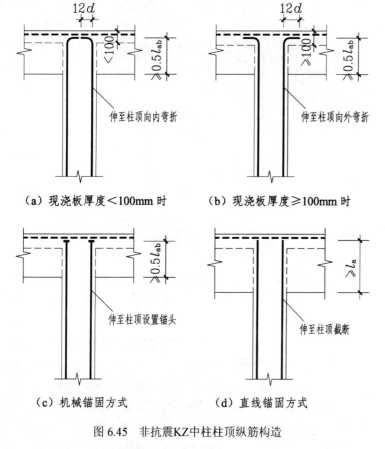

（a）现浇板厚度＜100mm 时　　　　（b）现浇板厚度≥100mm 时

（c）机械锚固方式　　　　（d）直线锚固方式

图 6.45　非抗震KZ中柱柱顶纵筋构造

注：1. 图中 4 种构造应根据图示条件选用。

　　2. 无论选用何种构造，框架中柱纵筋均应伸至柱顶（梁纵筋下方）。

　　3. 当直锚长度小于 $0.5l_{ab}$ 时，宜由设计者采取相应调整措施。

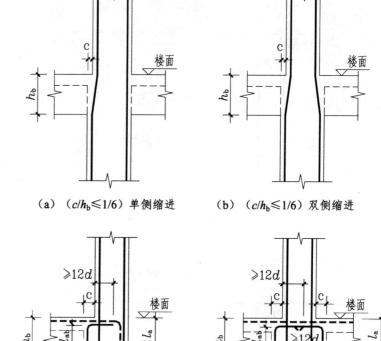

（a）（c/h_b≤1/6）单侧缩进　　　　（b）（c/h_b≤1/6）双侧缩进

（c）（c/h_b＞1/6）单侧缩进　　　　（d）（c/h_b＞1/6）双侧缩进

图 6.46　非抗震KZ柱变截面位置纵筋构造

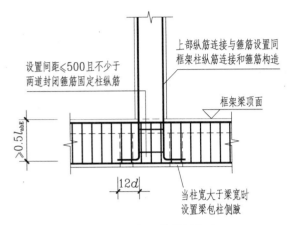

（a）普通梁上柱纵筋锚固构造

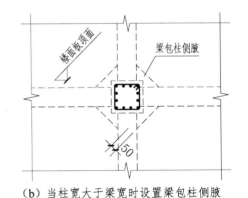

（b）当柱宽大于梁宽时设置梁包柱侧腋

图 6.47　普通梁上非抗震柱LZ锚固构造

注：设置在非抗震框架梁上的普通梁上柱，柱身纵筋连接与箍筋设置均应符合相应非抗震构造规定，具体构造同非抗震框架柱。

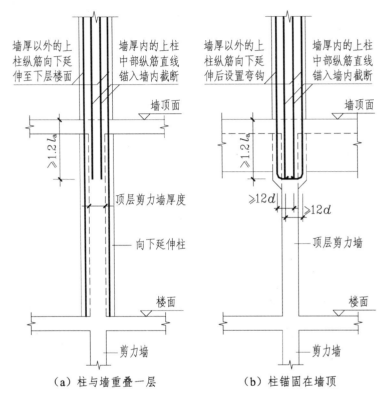

（a）柱与墙重叠一层　　　（b）柱锚固在墙顶

图 6.48　普通墙上非抗震柱QZ锚固构造

注：1. 设置在非抗震剪力墙顶部的普通墙上柱，柱身纵筋连接与箍筋设置均应符合相应非抗震构造规定，具体构造同非抗震框架柱。

2. 柱与墙重叠一层时，重叠层高内的柱箍筋按上柱非加密区箍筋设置；柱锚固在墙顶时，墙顶以下纵筋锚固范围内的柱箍筋按上柱加密区箍筋设置；且二者与墙身平面平行的一向柱中部复合箍均可不设。

梁顶面
梁顶面
纵筋搭接范围箍筋加密
l_l
$\geqslant 0.3l_l$
l_l
纵筋搭接范围箍筋加密
l_l
$\geqslant 0.3l_l$
l_l
基础顶面
嵌固部位

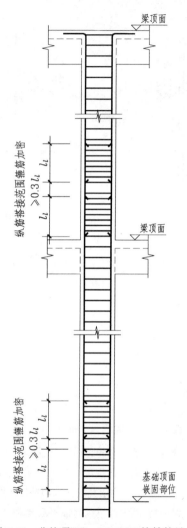

图 6.49 非抗震KZ、LZ、QZ箍筋构造

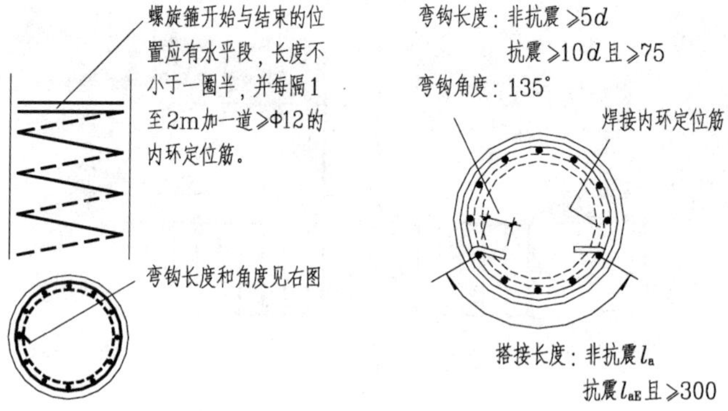

螺旋箍开始与结束的位置应有水平段，长度不小于一圈半，并每隔1至2m加一道≥Φ12的内环定位筋。
弯钩长度和角度见右图
弯钩长度：非抗震≥5d
抗震≥10d且≥75
弯钩角度：135°
焊接内环定位筋
搭接长度：非抗震l_a
抗震l_{aE}且≥300

（a）端部构造　　（b） 搭接构造

图 6.50 圆柱螺旋箍筋构造

注：1．当框架柱采用搭接连接时，在搭接范围内均按直径不小于 $d/4$（d 为搭接钢筋较大直径）、间距不大于 $5d$（d 为搭接钢筋较小直径）及不大于 100mm 加密箍筋。纵筋搭接范围内的周边箍筋弯钩，宜设置在非搭接角筋位置。

2．当纵筋搭接范围内的非加密箍筋间距不大于加密箍筋间距的 2 倍时，可在该范围非加密箍筋间距中部加设一道周边封闭箍筋满足加密要求。

3．四面均有梁的非抗震框架柱中间节点内可仅设置沿周边的矩形封闭箍筋，即节点内部可不设置复合箍。

第 7 章 剪力墙通用构造详图

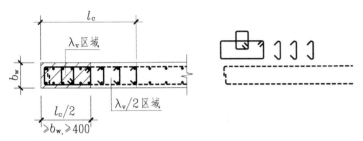

（a）约束边缘暗柱 YAZ

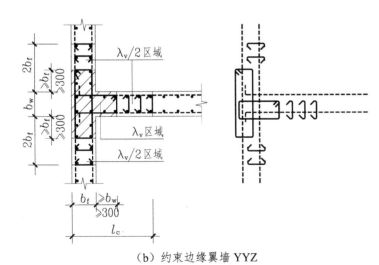

（b）约束边缘翼墙 YYZ

（c）约束边缘转角墙 YJZ

（d）约束边缘端柱 YDZ

图 7.1 约束边缘构件 YAZ、YYZ、YJZ、YDZ 基本构造

注：1. λ_v 为配箍特征值，l_c 为 λ_v 及 $\lambda_v/2$ 区域沿墙肢长度之和；

    2. l_c 和 λ_v 取值及阴影区纵筋与箍筋的要求见表 7-1；

    3. 约束边缘构件纵向钢筋、箍筋与拉筋的实际配置按具体设计。

约束边缘构件沿墙肢长度 l_c 及配箍特征值 λ_v　　表7-1

抗震等级（设防烈度）		一级（9度）		一级（7、8度）		二级、三级	
轴压比 λ		≤0.2	>0.2	≤0.3	>0.3	≤0.4	>0.4
λ_v		0.12	0.20	0.12	0.20	0.12	0.20
l_c (mm)	暗柱	0.20 h_w	0.25 h_w	0.15 h_w	0.20 h_w	0.15 h_w	0.20 h_w
	端柱、翼墙或转角墙	0.15 h_w	0.20 h_w	0.10 h_w	0.15 h_w	0.10 h_w	0.15 h_w
阴影部位纵向钢筋（取较大值）		0.012A_c，8φ16		0.012A_c，8φ16		0.012A_c，6φ16（三级 6φ14）	
箍筋和拉筋沿竖向间距		100mm		100mm		150mm	

注：1. 两侧翼墙长度小于其厚度3倍视为无翼墙剪力墙；墙柱截面边长小
　　　于墙厚2倍视为无端柱剪力墙；

　　2. 约束边缘构件沿墙肢长度 l_c 除满足表7-1的要求外，且不小于墙厚
　　　和400mm；当有暗柱、翼墙或转角墙时，不应小于翼墙厚度或端柱
　　　沿墙肢方向的截面高度加300mm；

　　3. h_w 为剪力墙的墙肢长度（墙肢截面高度）；

　　4. A_c 为图7.1约束边缘构件阴影部分的截面面积，表中阴影部位的纵
　　　向钢筋取值由设计决定；

　　5. 配箍特征值 λ_v 用于设计计算体积配箍率 ρ_v（$=\lambda_v f_c / f_{yv}$），当构成约
　　　束边缘构件沿墙肢长度 l_c 的箍筋、拉筋和剪力墙水平分布筋为同一
　　　强度等级，且当非阴影区的配箍特征值为阴影区 λ_v 的1/2时，因 f_c/
　　　f_{yv} 为确定值，则非阴影区的体积配箍率亦为阴影区 ρ_v 的1/2。

　　6. 设计在计算体积配箍率时，可适当计入满足构造要求且在墙端有可
　　　靠锚固的水平分布钢筋。

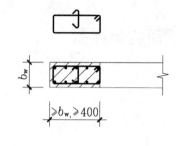

（a）构造边缘暗柱 GAZ

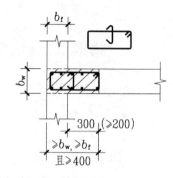

（b）构造边缘翼墙 GYZ

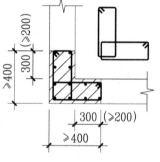

（c）构造边缘转角墙 GJZ

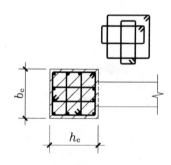

（d）构造边缘端柱 GDZ

图7.2　构造边缘构件GAZ、GYZ、GJZ、GDZ基本构造

注：1. 括号内尺寸用于建筑高度≤24m的多层结构；

　　2. 构造边缘构件纵向钢筋、箍筋与拉筋的实际配置按具体设计；

　　3. 对于实际工程中墙肢长度为4至8倍墙厚的短肢剪力墙，当墙肢长
　　　度为或略大于800mm时，应注意图a、b、c对其不适用，否则墙
　　　肢全部由边缘构件构成，不能发挥边缘构件强化墙端抗力的效能。

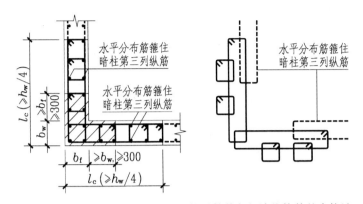

图7.3 框架—核心筒结构一、二级抗震筒体角部边缘构件基本构造

注：1. 框架—核心筒结构底部加强部位约束边缘构件,在墙肢长度l_c范围宜全部采用箍筋;

2. 约束边缘构件沿墙肢长度l_c宜取墙肢截面高度h_w的1/4（$h_w/4$）;

3. 底部加强部位以上全高范围内宜按转角墙要求设置约束边缘构件,见图7.1（c），其l_c范围的非阴影$\lambda_v/2$区域可采用拉筋。

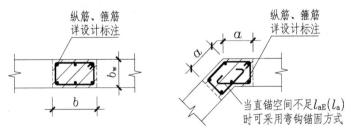

图7.4 非边缘暗柱AZ基本构造

注：1. 当采用弯钩锚固方式时,锚固形式见第5章表5-14;

2. 剪力墙水平分布筋应贯通非边缘暗柱（与非边缘暗柱箍筋在同一层面）,但竖向分布筋在非边缘暗柱宽度内不重复设置。

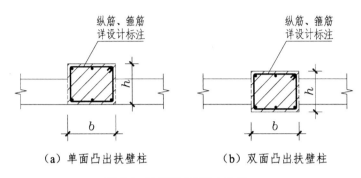

（a）单面凸出扶壁柱　　（b）双面凸出扶壁柱

图7.5 扶壁柱FBZ基本构造

注：1. 剪力墙水平分布筋应贯通扶壁柱（与扶壁柱箍筋在同一层面）,但竖向分布筋在扶壁柱宽度内不重复设置。

2. 扶壁柱的混凝土保护厚度按剪力墙。

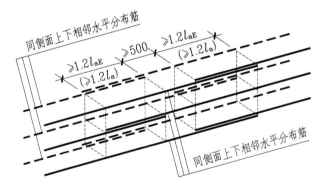

图7.6 水平分布筋交错搭接示意

注：1. 括号内搭接长度为剪力墙水平分布筋的非抗震要求;

2. 剪力墙水平分布筋的搭接连接范围,见下页通用构造详图。

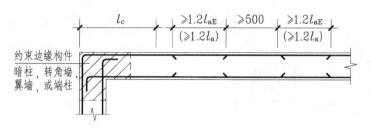

（a）搭接连接范围在约束边缘构件l_c区域以外

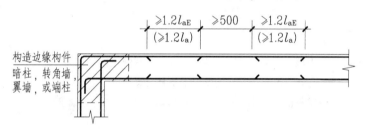

（b）搭接连接范围在构造边缘构件阴影区域以外

图7.7　剪力墙水平分布筋搭接构造

注：垂直竖向、水平横向平行相邻的水平分布筋搭接接头之间，沿水平方向应保持净距500，参见图7.6示意。

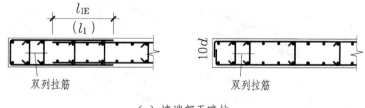

（a）墙端部无暗柱

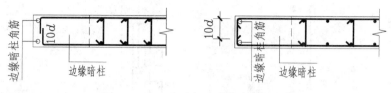

（b）墙端部为边缘暗柱

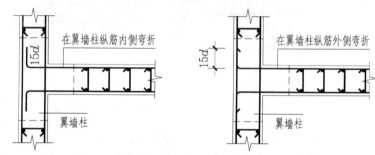

（c）墙端部为翼墙柱

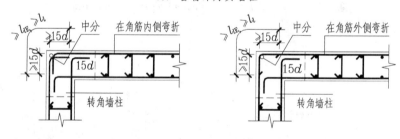

（d）墙端部为转角墙柱

图7.8　剪力墙水平分布筋墙端部构造(1)

注：1. 图a～d中，右图水平分布筋弯钩外侧仅为保护层，其弯折锚固可靠度相对左图较低。当剪力墙抗震等级较高时，宜采用左图构造。

2. 当按图a、b其弯钩长度超出墙厚时可取墙厚减2c（c为保护层厚度）。

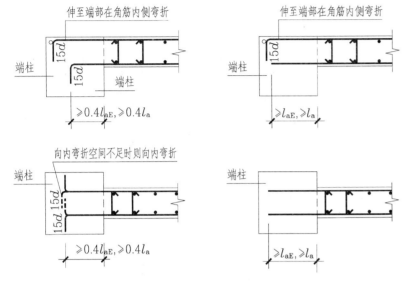

伸至端部在角筋内侧弯折

端柱

端柱

≥0.4l_{aE}, ≥0.4l_a

伸至端部在角筋内侧弯折

端柱

端柱

≥l_{aE}, ≥l_a

向内弯折空间不足时则向内弯折

端柱

端柱

≥0.4l_{aE}, ≥0.4l_a

≥l_{aE}, ≥l_a

（a）水平分布筋单片墙端柱锚固

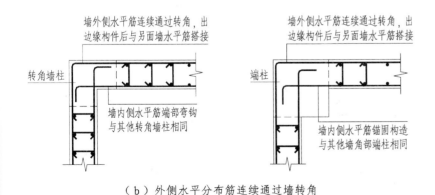

墙外侧水平筋连续通过转角，出
边缘构件后与另面墙水平筋搭接

转角墙柱

墙内侧水平筋端部弯钩
与其他转角墙柱相同

墙外侧水平筋连续通过转角，出
边缘构件后与另面墙水平筋搭接

端柱

墙内侧水平筋锚固构造
与其他墙角部端柱相同

（b）外侧水平分布筋连续通过墙转角

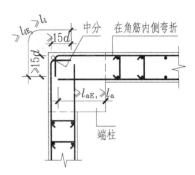

≥l_{aE}, ≥l_a 中分 在角筋内侧弯折

≥15d

15d

≥0.4l_{aE}, ≥0.4l_a

端柱

≥l_{aE}, ≥l_a 中分 在角筋内侧弯折

≥15d

l_{aE}, ≥l_a

端柱

（c）外侧水平分布筋端柱转角部位锚固

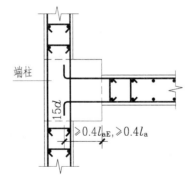

端柱

15d

≥0.4l_{aE}, ≥0.4l_a

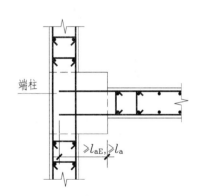

端柱

≥l_{aE}, ≥l_a

（d）水平分布筋翼墙部位端柱锚固

图7.9 剪力墙水平分布筋墙端部构造(2)

注：1. l_{aE}为抗震锚固长度，l_a为非抗震锚固长度。
2. 剪力墙端柱与剪力墙墙身共同构成剪力墙，二者为共体关系，其剪力墙水平分布筋在端柱内的锚固属于"连体锚固"，且应注意其锚固方式与为支承关系的"支座锚固"、为本体关系的"延伸锚固"、或为跨界关系的"转型锚固"，在构造内容及形式上的区别。

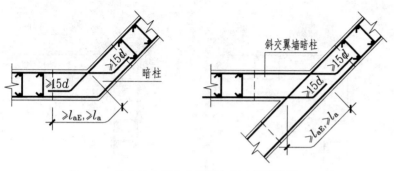

图 7.10 剪力墙水平分布筋端部斜交锚固构造

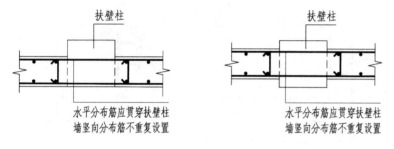

图 7.11 剪力墙水平分布筋贯通扶壁柱构造

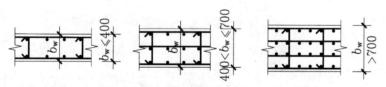

图 7.12 剪力墙身多排配筋构造

注：1. 水平分布筋、竖向分布筋应均匀分布，拉筋需与各排分布筋绑扎。
  　2. 拉筋规格、间距详设计。

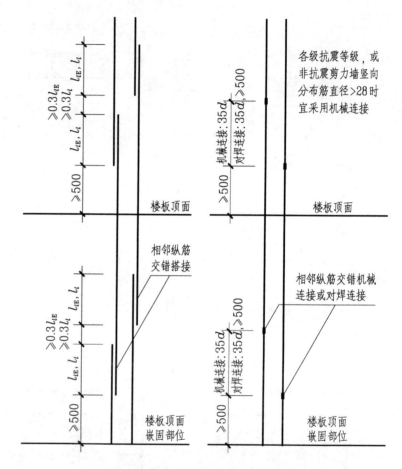

图 7.13 剪力墙边缘构件纵筋连接构造

注：1. l_{lE} 为抗震搭接长度，l_l 为非抗震搭接长度。
  　2. 边缘构件包括约束边缘构件和构造边缘构件。

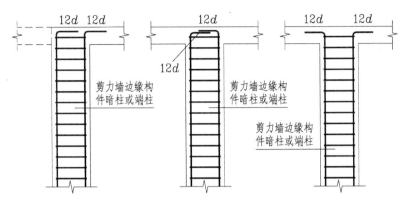

图 7.14 剪力墙边缘构件纵筋顶部构造

注：1. 当墙顶部为边框梁或暗梁时，剪力墙边缘构件纵筋顶部构造与本图相同（边缘构件纵筋与边框梁或暗梁无锚固关系）。
　　2. 当墙在其平面内支承屋面框架梁时，梁在墙支座的锚固应采用跨界构造（即按墙顶连梁锚固），剪力墙边缘构件纵筋顶部构造与本图相同。

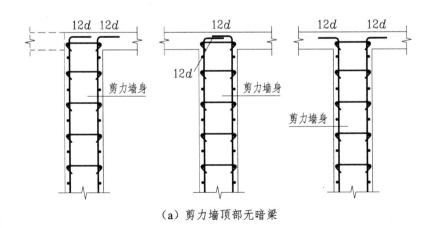

（a）剪力墙顶部无暗梁

（b）剪力墙顶部有暗梁

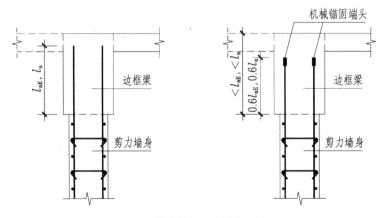

（c）剪力墙顶部有边框梁

图 7.15 剪力墙竖向分布筋顶部构造

注：1. l_{aE} 为抗震锚固长度，l_a 为非抗震锚固长度。
　　2. 与暗梁纵筋同一高度相邻的剪力墙水平分布筋可省去不设，见图 b。

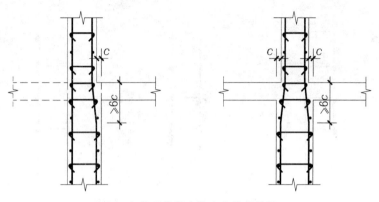

（a）变截面处竖向筋向内微弯贯通

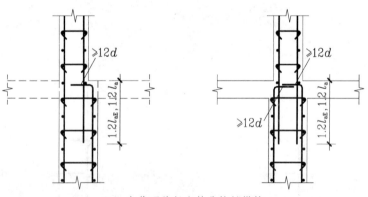

（b）变截面处竖向筋非接触搭接

图 7.16 剪力墙变截面位置竖向分布筋构造

注：关于<1/6 斜度微弯贯通构造，当 c 值较大相应的 6c 点较低，且该部位
　　无暗梁或边框梁，板底以下局部墙钢筋外侧混凝土厚度>50mm 时，
　　宜在该部位配置防裂钢筋网片。

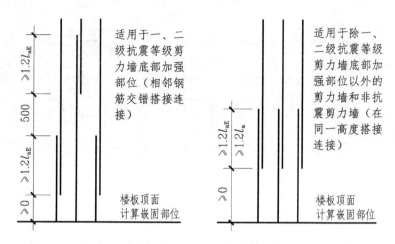

（a）搭接连接构造

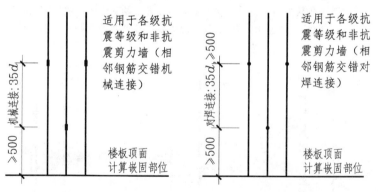

（b）机械连接、对焊连接构造

图 7.17 剪力墙竖向分布筋连接构造

注：l_{aE} 为抗震锚固长度，l_a 为非抗震锚固长度。

1. I 型连梁：代号 LL—I，跨高比＞2.5 但≤5，仅配置纵筋与箍筋；
2. II 型连梁：代号 LL—II，跨高比＞5，该型连梁的梁本体配筋可与框架梁相同（见第 8 章关于框架梁通用构造），但支座锚固应按连梁锚固构造；
3. III 型连梁：代号 LL—III，跨高比≤2.5 梁宽≥250mm，设交叉斜筋；
4. IV 型连梁：代号 LL—IV，跨高比≤2.5 梁宽≥400mm，设集中对角斜筋；
5. V 型连梁：代号 LL—V，跨高比≤2.5 梁宽≥400mm，设对角暗撑；
6. 双连梁：代号 LL—X/Y，将高连梁转换为以水平缝分隔的多连梁组合。

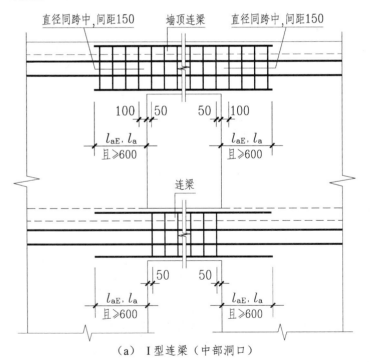

（a）I 型连梁（中部洞口）

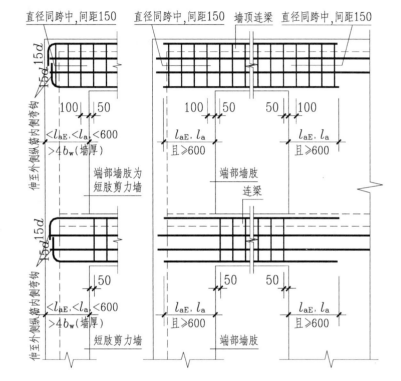

（b）I 型连梁（端部洞口）

图 7.18　I 型连梁 LL—I 配筋构造

注：1. l_{aE} 为抗震锚固长度，l_a 为非抗震锚固长度。

2. 当洞口端部的墙肢水平长度较小时（如墙肢水平长度为 4~8 倍墙厚的短肢剪力墙）连梁纵筋端部应设弯钩（见图 b 左图）；当墙肢水平长度满足≥l_{aE}、≥l_a 且≥600 时可直锚（见图 b 右图）。

3. 端部洞口连梁的侧面筋应满足水平分布筋端部构造要求（见图 7.8）。

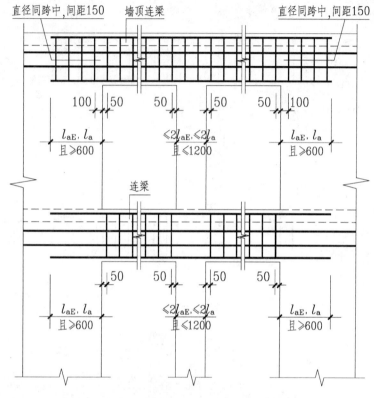

图 7.19　Ⅰ型连梁LL—Ⅰ配筋构造（双洞口）

注：1. l_{aE} 为抗震锚固长度，l_a 为非抗震锚固长度。

2. 连梁纵筋、箍筋、侧面筋与拉筋按具体设计。

3. 当双洞口之间墙肢水平截面长度 > $2l_{aE}$，> $2l_a$ 且 > 1200 时，若该墙肢水平截面长度为 4~8 倍墙厚的短肢剪力墙，且两洞口连梁纵筋可贯通设置，则宜参照按本图双洞口连梁构造进行施工。

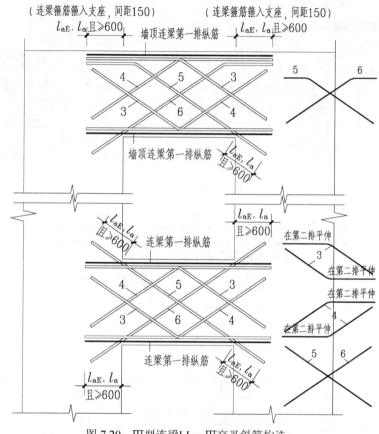

图 7.20　Ⅲ型连梁LL—Ⅲ交叉斜筋构造

注：1. l_{aE} 为抗震锚固长度，l_a 为非抗震锚固长度。

2. 连梁纵筋、箍筋、侧面筋、拉筋、交叉斜筋按具体设计，协调绑扎。

3. 图中钢筋号同时表示接触交叉钢筋所在层数，由外向内 1 层为侧面筋（本图略），2 层为箍筋（本图略），3 层~5 层为交叉斜筋。

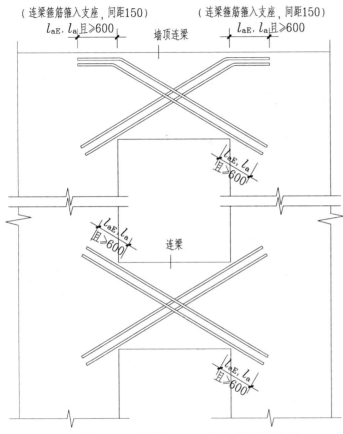

图7.21 Ⅳ型连梁LL—Ⅳ集中对角斜筋构造

注：1. l_{aE} 为抗震锚固长度，l_a 为非抗震锚固长度。

2. 连梁宽≥400mm时，可增设每组不少于4根的集中对角斜筋。

3. 连梁纵筋、箍筋、侧面筋、拉筋和集中对角斜筋按具体设计。

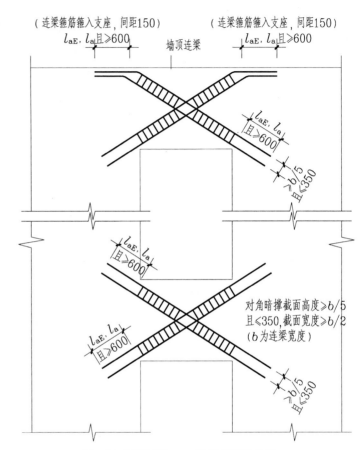

图7.22 Ⅴ型连梁LL—Ⅴ对角暗撑构造

注：1. l_{aE} 为抗震锚固长度，l_a 为非抗震锚固长度。

2. 连梁宽≥400mm时，可增设对角暗撑。

3. 连梁纵筋、箍筋、侧面筋、拉筋和对角暗撑配筋按具体设计。

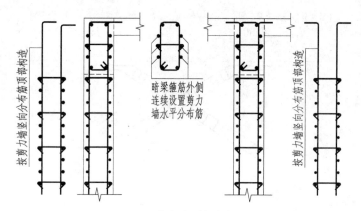

（a）剪力墙顶部暗梁

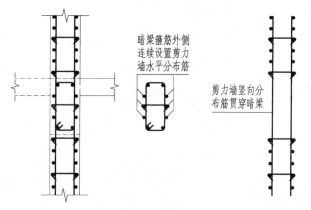

（b）剪力墙楼层暗梁

图 7.23 剪力墙暗梁AL构造

注：1. 与暗梁纵筋同一高度相邻的剪力墙水平分布筋可省去不设。

2. 为适应水平分布筋间距，暗梁高度可略高或略低于结构楼面。

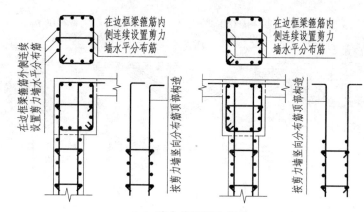

（a）剪力墙顶部边框梁

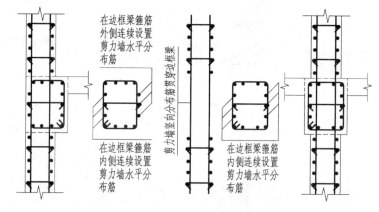

（b）剪力墙楼层边框梁

图 7.24 剪力墙边框梁BKL构造

注：1. 与边框梁纵筋同一高度相邻的剪力墙水平分布筋可省去不设。

2. 竖向分布筋在顶部边框梁内的锚固构造，详见图 7.14。

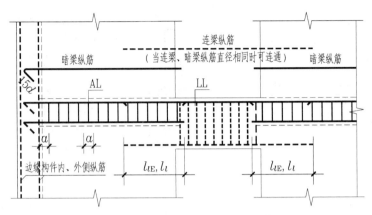

（a）暗梁与连梁顶部一平纵筋搭接

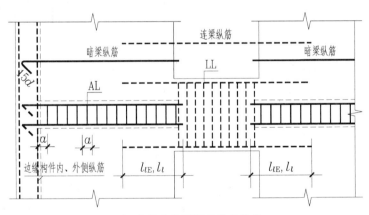

（b）暗梁在连梁腰部纵筋搭接

图 7.25 暗梁AL与连梁LL纵筋搭接构造

注：1. l_{lE} 为抗震搭接长度，l_l 为非抗震搭接长度。
　　2. 暗梁与连梁纵筋重叠时，连梁纵筋设置优先，且不重复设置。

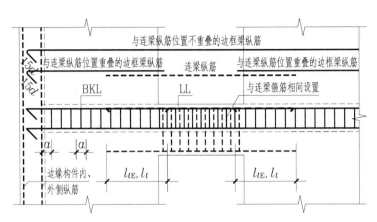

（a）边框梁与连梁顶部一平钢筋布置

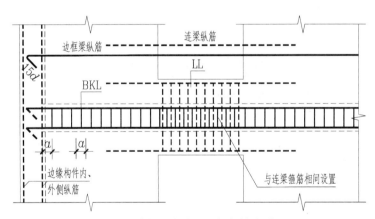

（b）边框梁在连梁腰部钢筋布置

图 7.26 边框梁BKL与连梁LL钢筋搭接构造

注：1. l_{lE} 为抗震搭接长度，l_l 为非抗震搭接长度。
　　2. 边框梁与连梁纵筋重叠时，连梁纵筋设置优先，且不重复设置。

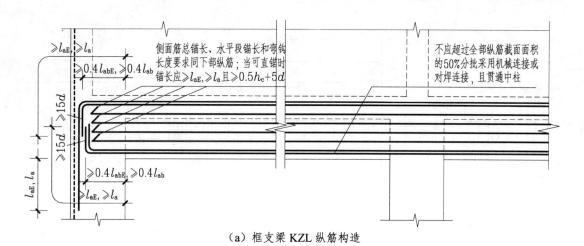

侧面筋总锚长、水平段锚长和弯钩长度要求同下部纵筋；当可直锚时锚长应≥l_{aE}、≥l_a且≥$0.5h_c+5d$

不应超过全部纵筋截面面积的50%分批采用机械连接或对焊连接，且贯通中柱

≥l_{aE}，≥l_a

≥$0.4l_{abE}$，≥$0.4l_{ab}$

≥$15d$ ≥$15d$

≥$15d$

l_{aE}，l_a

≥$0.4l_{abE}$，≥$0.4l_{ab}$

≥l_{aE}，≥l_a

（a）框支梁 KZL 纵筋构造

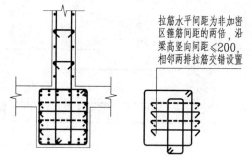

拉筋水平间距为非加密区箍筋间距的两倍，沿梁高竖向间距≤200，相邻两排拉筋交错设置

（c）框支梁拉筋构造

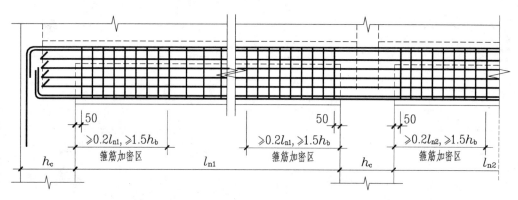

50 ≥$0.2l_{n1}$，≥$1.5h_b$ 箍筋加密区

50 ≥$0.2l_{n1}$，≥$1.5h_b$ 箍筋加密区

50 ≥$0.2l_{n2}$，≥$1.5h_b$ 箍筋加密区

h_c l_{n1} h_c l_{n2}

（b）框支梁 KZL 箍筋构造

图 7.27 框支梁KZL配筋构造

注：1. l_{abE}、l_{aE} 为抗震基本锚固长度、抗震锚固长度，l_{ab}、l_a 为非抗震基本锚固长度、非抗震锚固长度。
　　2. h_b 为框支梁截面高度，h_c 为框支柱截面高度。

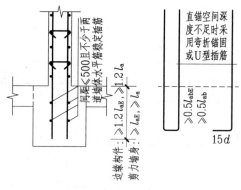

间距≤500且不少于两排竖向拉筋
墙体水平锚固筋
边缘构件：≥$1.2l_{aE}$，≥l_a
剪力墙墙身：≥l_{aE}，≥l_a

直锚空间深度不足时采用弯折锚固或U型插筋

≥$0.5l_{abE}$
≥$0.5l_{ab}$

15d

（d）框支剪力墙插筋构造

关于框支梁的补充说明

框支梁受力状态与框架梁受弯同时受剪完全不同，为非独立构件。框支剪力墙在框支梁之上存在拱效应，框支梁与暗拱共同工作形成隐性拉杆拱（框支梁偏心受拉），其纵筋应贯通框支柱中间支座，而不应在中间支座分别锚固。

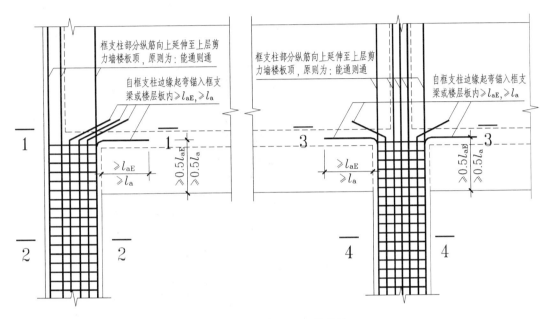

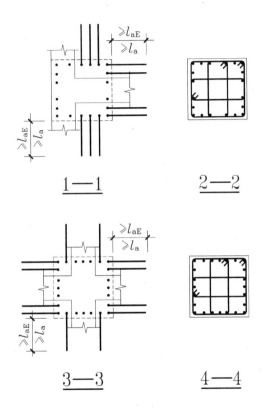

图 7.28 框支柱KZZ配筋构造

注：1. l_{aE} 为抗震锚固长度， l_a 为非抗震锚固长度。
2. 框支柱部分纵筋向上延伸入边缘构件（翼墙柱）及延伸入墙体交叉点的配筋示意，见下图。

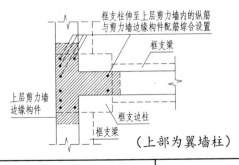

（上部为翼墙柱）

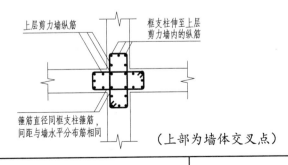

（上部为墙体交叉点）

关于框支柱的补充说明

1. 当框支柱上层为剪力墙边缘构件时，与边缘构件纵筋综合配置(同位置取大者)的框支柱向上延伸纵筋，应延伸至边缘构件纵筋连接区。

2. 当框支中柱向上延伸至上层剪力墙楼板顶面的纵筋与剪力墙竖向纵筋位置重叠时，应优先设置框支柱延伸纵筋(同位置取大者)。

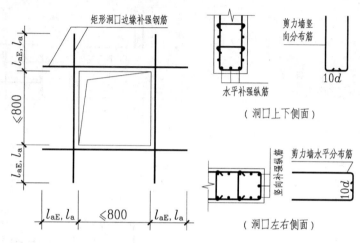

（a）矩形墙洞宽、高≤800

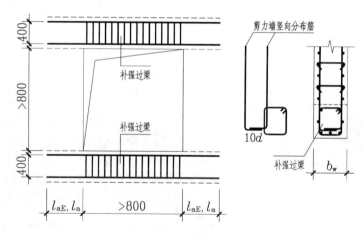

（b）矩形墙洞宽、高>800

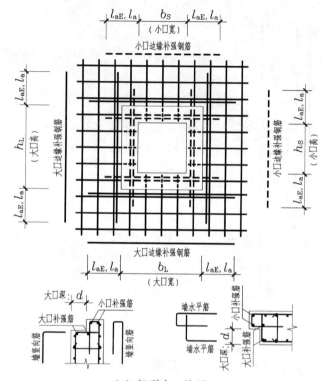

（c）矩形企口墙洞

图 7.29 矩形墙洞JD、矩形企口墙洞JDq构造

注：1. L_{aE} 为抗震锚固长度，l_a 为非抗震锚固长度。

2. 当设计注写矩形墙洞补强纵筋时，按注写值补强；未注写时，按每边配置两根直径不小于 12mm 且不小于同向被切断纵向钢筋总面积的 50%补强。补强钢筋的强度等级与被切断钢筋相同。

3. 当洞宽、高>800 的洞口上边缘或下边缘为剪力墙连梁时，补强过梁不再重复设置。

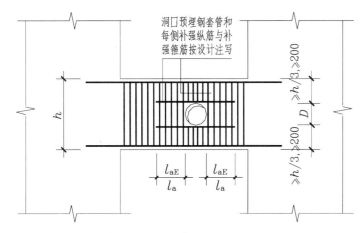

（a）连梁开洞

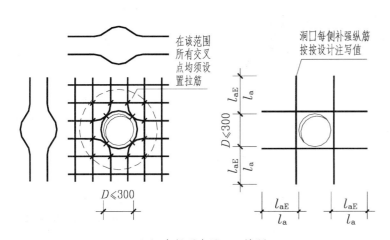

（b）直径不大于300墙洞

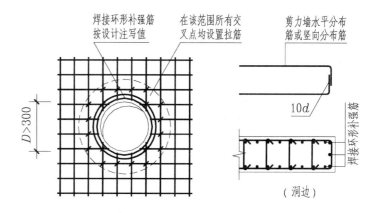

（c）直径大于300墙洞（一）

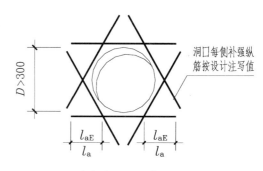

（d）直径大于300墙洞（二）

图 7.30　圆形墙洞YD构造

注：1. L_{aE} 为抗震锚固长度，l_a 为非抗震锚固长度。

2. 当圆形洞口直径不小于 800 时，可在洞口上下位置设置补墙过梁（参照图7.28）。

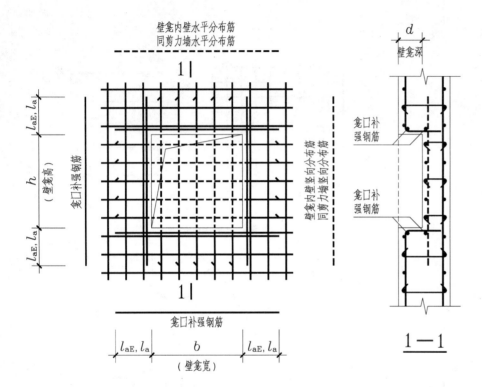

图 7.31　矩形壁龛JBK配筋构造

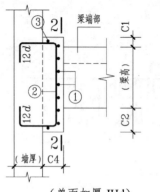

（单面加厚 JHd）　　　（双面加厚 JHs）

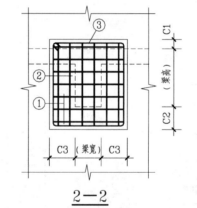

2—2

图 7.32　墙体局部加厚JHd、JHs构造

注：1. l_{aE} 为抗震锚固长度， l_a 为非抗震锚固长度。

2. 当剪力墙较厚，设备箱需要嵌入墙体中且嵌入深度小于墙体厚度时，将其设计为壁龛可减小设备开洞对剪力墙刚度的削弱，有效提高剪力墙承载能力。

3. 当设计注写补强纵筋时按注写值补强；当设计未注写时，矩形壁龛按每边配置两根直径不小于12mm且不小于同向被切断纵向钢筋总面积的50%补强，补强钢筋的强度等级与被切断钢筋相同。

加厚构造尺寸与配筋

1. 构造尺寸：C1 为50mm，C2、C3 尺寸同梁宽，C4 为满足梁纵筋弯折锚固水平段长度尺寸减去墙厚。

2. ①号与②号筋直径分别与剪力墙水平和竖向分布筋相同，但间距不大于 100mm；③号与②号筋直径相同。

注：1. 墙体局部加厚几何尺寸与配筋按设计标注值，当设计未注时，可按图中"加厚构造尺寸与配筋"的要求施工。

2. 墙体局部加厚应满足梁纵筋弯钩锚固水平段长度要求。

3. 剪力墙配筋应贯通覆盖局部加厚部位（图中省略未绘）。

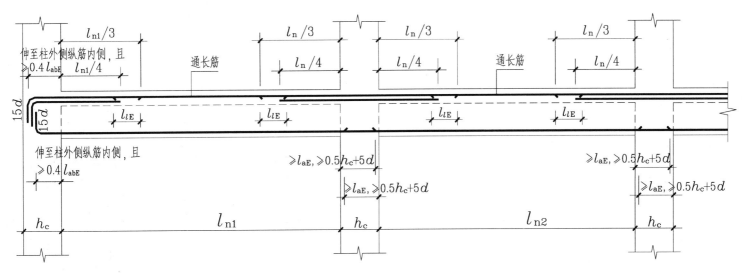

图 8.1　抗震楼层框架梁KL纵向钢筋基本构造(1)

注:

1. 梁上部非通长纵筋的延伸长度以 l_n 计算时, l_n 为左跨净跨值 l_{ni} 和右跨净跨值 l_{ni+1} 之较大值,其中 i =1,2,3……

2. 当为不等跨框架,且小跨净跨值不大于大跨净跨值的 2/3 时,框架梁上部非通长筋应贯通小跨。

3. 框架梁上部纵筋应贯穿中柱。一、二、三级抗震等级框架梁贯通中柱的每根纵向钢筋直径,对矩形截面柱,不宜大于柱在该方向截面尺寸的 1/20;对圆形截面柱,不宜大于纵筋所在位置柱截面弦长的 1/20;当未满足时,宜将纵筋按等强等面积代换原则进行调整。

4. 当抗震设防烈度为 9 度时,贯穿中柱的框架梁每根纵向钢筋直径,对矩形截面柱,不宜大于柱在该方向截面尺寸的 1/25;对圆形截面柱,不宜大于纵筋所在位置柱截面弦长的 1/25;当未满足时,宜将纵筋按等强等面积代换原则进行调整。

5. 梁上部非通长筋与跨中通长筋可采用搭接、机械连接或对焊连接;当二者直径相同时,宜将两端部分纵筋延伸至跨中 $l_{ni}/3$ 范围通长连接。

6. 当梁上部设架立筋时,架立筋与非通长纵筋的搭接长度为150mm。

7. 梁侧面沿腹板高度配置纵向构造钢筋构造,见本章相应构造详图。

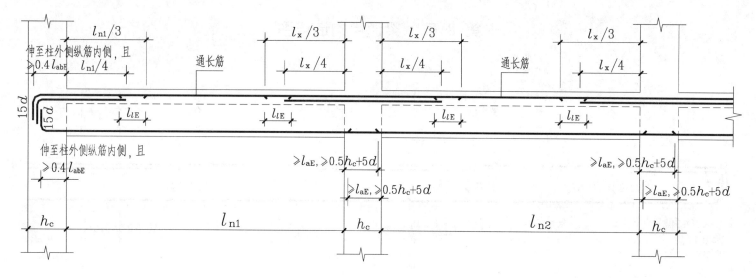

图 8.2 抗震楼层框架梁KL纵向钢筋基本构造(2)

注:

1. 梁上部非通长纵筋的延伸长度以 l_x 计算时, l_x 的取值规定为: (1)当两相邻跨为等跨时, l_x 为其中一跨的净跨值; (2)当两相邻跨为不等跨时, 大跨 l_x 取本跨净跨值, 小跨 l_x 取两相邻跨净跨之和的平均值[即 $0.5(l_{ni}+l_{ni+1})$]。

2. 当为不等跨框架, 且小跨净跨值不大于大跨净跨值的1/2时, 框架梁上部非通长筋应贯通小跨。

3. 框架梁上部纵筋应贯穿中柱。一、二、三级抗震等级框架梁贯通中柱的每根纵向钢筋直径, 对矩形截面柱, 不宜大于柱在该方向截面尺寸的1/20; 对圆形截面柱, 不宜大于纵筋所在位置柱截面弦长的1/20; 当未满足时, 宜将纵筋按等强等面积代换原则进行调整。

4. 当抗震设防烈度为9度时, 贯穿中柱的框架梁每根纵向钢筋直径, 对矩形截面柱, 不宜大于柱在该方向截面尺寸的1/25; 对圆形截面柱, 不宜大于纵筋所在位置柱截面弦长的1/25; 当未满足时, 宜将纵筋按等强等面积代换原则进行调整。

5. 梁上部非通长筋与跨中通长筋可采用搭接、机械连接或对焊连接; 当二者直径相同时, 宜将两端部分纵筋延伸至跨中 $l_{ni}/3$ 范围通长连接。

6. 当梁上部设架立筋时, 架立筋与非通长纵筋的搭接长度为150mm

7. 梁侧面沿腹板高度配置纵向构造钢筋构造, 见本章相应构造详图。

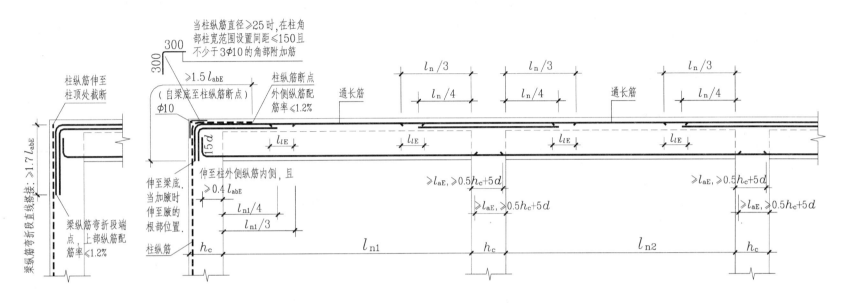

图 8.3　抗震屋面框架梁WKL纵向钢筋基本构造(1)

注:
1. 梁上部非通长纵筋的延伸长度以 l_n 计算时，l_n 为左跨净跨值 l_{ni} 和右跨净跨值 l_{ni+1} 之较大值，其中 $i=1$，2，3……

2. 当为不等跨框架，且小跨净跨值不大于大跨净跨值的 2/3 时，框架梁上部非通长筋应贯通小跨。

3. 框架梁上部纵筋应贯穿中柱。一、二、三级抗震等级框架梁贯通中柱的每根纵向钢筋直径，对矩形截面柱，不宜大于柱在该方向截面尺寸的 1/20；对圆形截面柱，不宜大于纵筋所在位置柱截面弦长的 1/20；当未满足时，宜将纵筋按等强等面积代换原则进行调整。

4. 当抗震设防烈度为 9 度时，贯穿中柱的框架梁每根纵向钢筋直径，对矩形截面柱，不宜大于柱在该方向截面尺寸的 1/25；对圆形截面柱，

不宜大于纵筋所在位置柱截面弦长的 1/25；当未满足时，宜将纵筋按等强等面积代换原则进行调整。

5. 屋面框架梁与边（角）柱顶连接节点，梁端上部纵筋与柱外侧纵筋有两种弯折搭接构造方式，当设计未具体指定时，施工可任选一种。

6. 梁上部非通长筋与跨中通长筋可采用搭接、机械连接或对焊连接；当二者直径相同时，宜将两端部分纵筋延伸至跨中 $l_{ni}/3$ 范围通长连接。

7. 当梁上部设架立筋时，架立筋与非通长纵筋的搭接长度为 150mm。

8. 梁侧面沿腹板高度配置纵向构造钢筋构造，见本章相应构造详图。

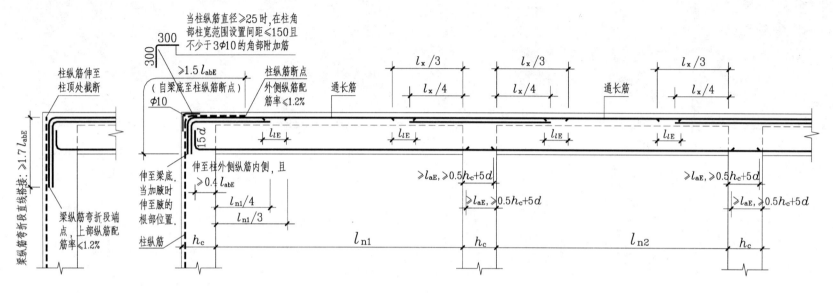

图 8.4 抗震屋面框架梁WKL纵向钢筋基本构造(2)

注：
1. 梁上部非通长纵筋的延伸长度以 l_x 计算时，l_x 的取值规定为：(1)当两相邻跨为等跨时，l_x 为其中一跨的净跨值；(2)当两相邻跨为不等跨时，大跨 l_x 取本跨净跨值，小跨 l_x 取两相邻跨净跨之和的平均值[即 $0.5(l_{ni}+l_{ni+1})$]。

2. 当为不等跨框架，且小跨净跨值不大于大跨净跨值的 1/2 时，框架梁上部非通长筋应贯通小跨。

3. 框架梁上部纵筋应贯穿中柱。一、二、三级抗震等级框架梁贯通中柱的每根纵向钢筋直径，对矩形截面柱，不宜大于柱在该方向截面尺寸的 1/20；对圆形截面柱，不宜大于纵筋所在位置柱截面弦长的 1/20；当未满足时，宜将纵筋按等强等面积代换原则进行调整。

4. 当抗震设防烈度为 9 度时，贯穿中柱的框架梁每根纵向钢筋直径，对矩形截面柱，不宜大于柱在该方向截面尺寸的 1/25；对圆形截面柱，不宜大于纵筋所在位置柱截面弦长的 1/25；当未满足时，宜将纵筋按等强等面积代换原则进行调整。

5. 屋面框架梁与边（角）柱顶连接节点，梁端上部纵筋与柱外侧纵筋有两种弯折搭接构造方式，当设计未具体指定时，施工可任选一种。

6. 梁上部非通长筋与跨中通长筋可采用搭接、机械连接或对焊连接；当二者直径相同时，宜将两端部分纵筋延伸至跨中 $l_{ni}/3$ 范围通长连接。

7. 当梁上部设架立筋时，架立筋与非通长纵筋的搭接长度为 150mm

8. 梁侧面沿腹板高度配置纵向构造钢筋构造，见本章相应构造详图。

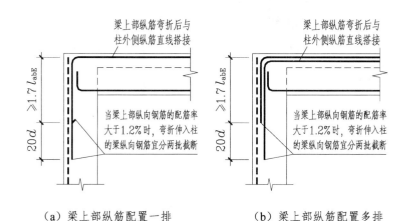

（a）梁上部纵筋配置一排　　　　　（b）梁上部纵筋配置多排

图8.5　抗震屋面框架梁纵筋边柱内分批截断构造

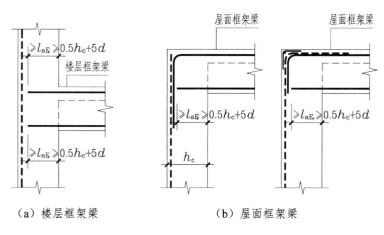

（a）楼层框架梁　　　　　（b）屋面框架梁

图8.6　抗震楼层、屋面框架梁纵筋边柱内直锚构造

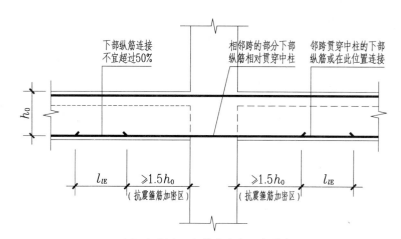

（a）相邻跨下部纵筋直径、根数相同

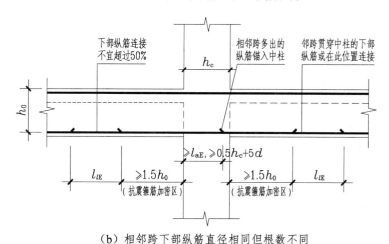

（b）相邻跨下部纵筋直径相同但根数不同

图8.7　抗震楼层框架梁下部纵筋中柱外搭接构造

图集号：C101-1（2012）

第8章　梁通用构造详图

抗震屋面框架梁纵筋边柱内分批截断构造
抗震楼层、屋面框架梁纵筋边柱内直锚构造
抗震楼层框架梁下部纵筋中柱外搭接构造

第87页

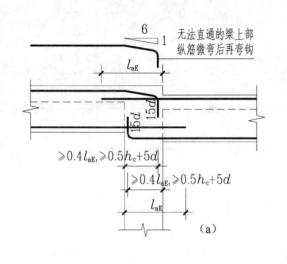

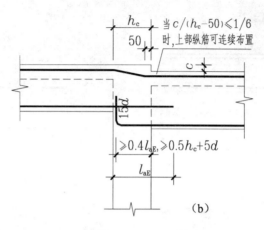

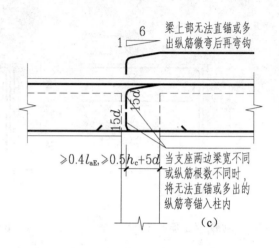

(a)

(b)

(c)

图 8.8 抗震屋面框架梁WKL中间支座纵筋特殊构造

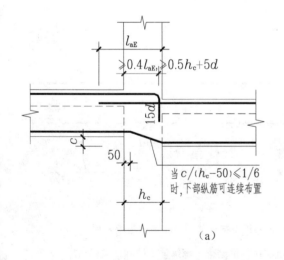

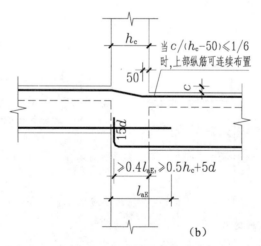

(a)

(b)

(c)

图 8.9 抗震楼层框架梁KL中间支座纵筋特殊构造

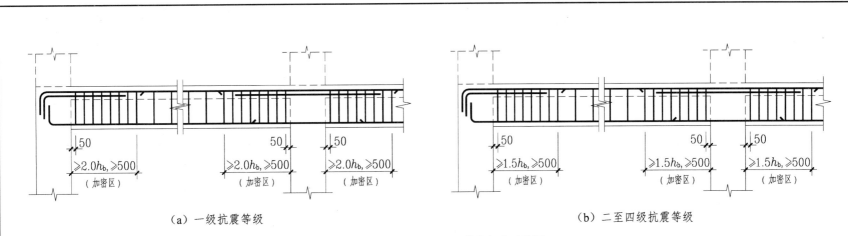

（a）一级抗震等级

（b）二至四级抗震等级

图 8.10　抗震框架梁KL、WKL箍筋加密区范围

注：弧形梁沿梁中心线展开，箍筋间距沿凸面线量度；h_b 为梁截面高度。

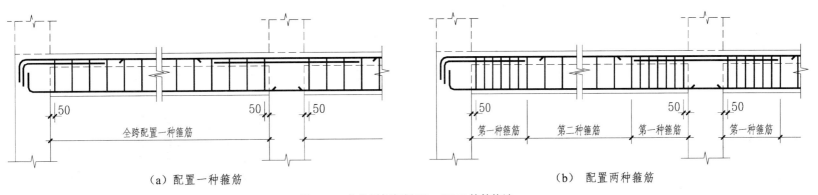

（a）配置一种箍筋

（b）　配置两种箍筋

图 8.11　非抗震框架梁KL、WKL箍筋构造

注：1．弧形梁沿梁中心线展开，箍筋间距沿凸面线量度；h_b 为梁截面高度。

　　2．当非抗震框架梁在满足受剪要求时采用配置两种（或多种）箍筋方法，可科学节约钢材。

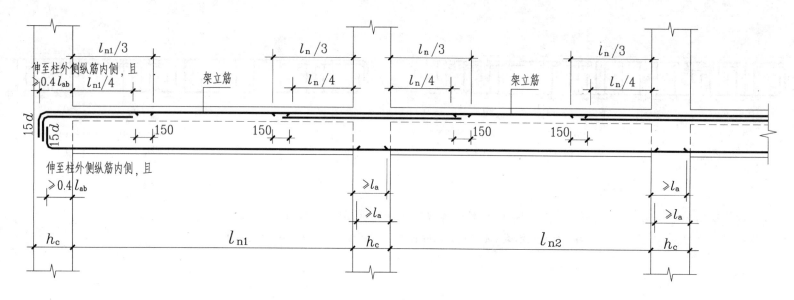

图 8.12 非抗震楼层框架梁KL纵向钢筋基本构造(1)

注：

1. 梁上部非通长纵筋的延伸长度以 l_n 计算时，l_n 为左跨净跨值 l_{ni} 和右跨净跨值 l_{ni+1} 之较大值，其中 i =1，2，3……

2. 当为不等跨框架，且小跨净跨值不大于大跨净跨值的 2/3 时，框架梁上部非通长筋应贯通小跨。

3. 框架梁上部纵筋应贯穿中柱，下部纵筋宜贯穿中间支座（见本章相应构造）；若下部纵筋需锚固时：①当计算中充分利用该钢筋的抗拉强度时，其在边柱支座的锚固方式应与上部纵筋的规定相同，在中柱支座的直线锚固长度 $\geqslant l_a$（如本图所示）；②当计算中充分

利用该钢筋的抗压强度时，应按受压钢筋锚固在边柱或中柱内，其直线锚固长度不应小于 $0.7\,l_a$；③当计算中不利用该钢筋的强度时，其伸入边柱或中柱的锚固长度，对带肋钢筋不小于 $12d$，对光面钢筋不小于 $15\,d$，d 为锚固钢筋的最大直径。

4. 当为满足受力要求需在梁上部设置贯通筋时，宜在跨中 $l_n/3$ 范围连接，可采用搭接、机械连接或对焊连接方式。

5. 在梁侧面沿腹板高度配置的纵向构造钢筋，见本章相应的通用构造详图。

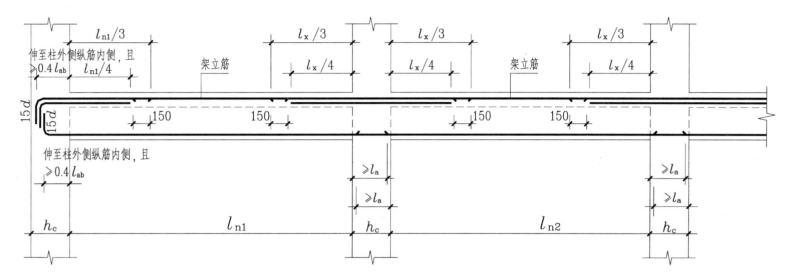

图 8.13 非抗震楼层框架梁KL纵向钢筋基本构造(2)

注:

1. 梁上部非通长纵筋的延伸长度以 l_x 计算时，l_x 的取值规定为：(1) 当两相邻跨为等跨时，l_x 为其中一跨的净跨值；(2)当两相邻跨为不等跨时，大跨 l_x 取本跨净跨值，小跨 l_x 取两相邻跨净跨之和的平均值[即 $0.5(l_{ni}+l_{ni+1})$]。

2. 当为不等跨框架，且小跨净跨值不大于大跨净跨值的 1/2 时，框架梁上部非通长筋应贯通小跨。

3. 框架梁上部纵筋应贯穿中柱，下部纵筋宜贯穿中间支座（见本章相应构造）；若下部纵筋需锚固时：①当计算中充分利用该钢筋的抗拉强度时，其在边柱支座的锚固方式应与上部纵筋的规定相同，在中柱支座的直线锚固长度≥l_a（如本图所示）；②当计算中充分

利用该钢筋的抗压强度时，应按受压钢筋锚固在边柱或中柱内，其直线锚固长度不应小于 $0.7\ l_a$；③当计算中不利用该钢筋的强度时，其伸入边柱或中柱的锚固长度，对带肋钢筋不小于 $12d$，对光面钢筋不小于 $15\ d$，d 为锚固钢筋的最大直径。

4. 当为满足受力要求需在梁上部设置贯通筋时，宜在跨中 $l_n/3$ 范围连接，可采用搭接、机械连接或对焊连接方式。

5. 在梁侧面沿腹板高度配置的纵向构造钢筋，见本章相应的通用构造详图。

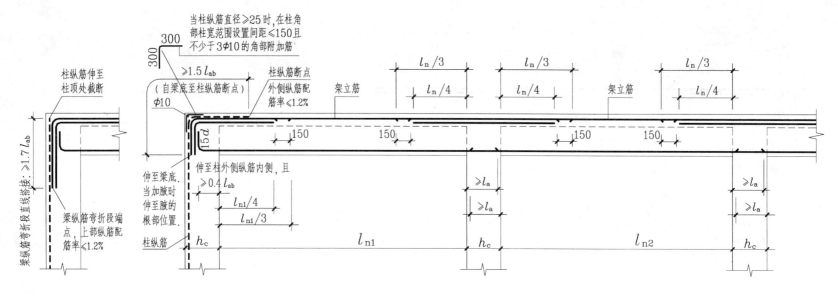

图 8.14 非抗震屋面框架梁WKL纵向钢筋基本构造(1)

注:

1. 梁上部非通长纵筋的延伸长度以 l_n 计算时, l_n 为左跨净跨值 l_{ni} 和右跨净跨值 l_{ni+1} 之较大值, 其中 i =1, 2, 3……

2. 当为不等跨框架, 且小跨净跨值不大于大跨净跨值的2/3时, 框架梁上部非通长筋应贯通小跨。

3. 框架梁上部纵筋应贯穿中柱, 下部纵筋宜贯穿中间支座 (见本章相应构造); 若下部纵筋需锚固时: ①当计算中充分利用该钢筋的抗拉强度时, 其在边柱支座的锚固方式应与上部纵筋的规定相同, 在中柱支座的直线锚固长度≥l_a (如本图所示); ②当计算中充分利用该钢筋的抗压强度时, 应按受压钢筋锚固在边柱或中柱内, 其直线锚固长度不应小于 0.7 l_a; ③当计算中不利用该钢筋的强度时, 其伸入边柱或中柱的锚固长度, 对带肋钢筋不小于 $12d$, 对光面钢筋不小于 $15d$, d 为锚固钢筋的最大直径。

4. 当为满足受力要求需在梁上部设置贯通筋时, 宜在跨中 $l_n/3$ 范围连接, 可采用搭接、机械连接或对焊连接方式。

5. 在梁侧面沿腹板高度配置的纵向构造钢筋, 见本章相应的通用构造详图。

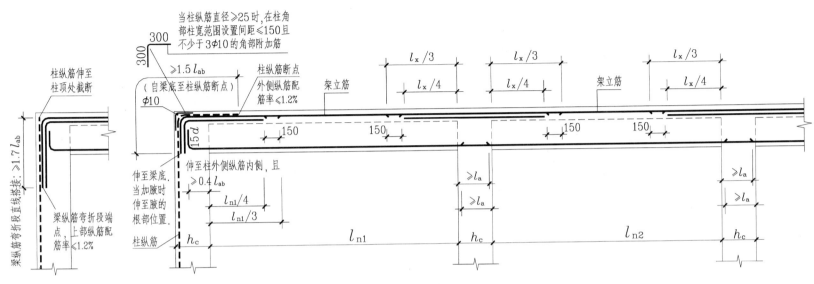

图8.15 非抗震屋面框架梁WKL纵向钢筋基本构造(2)

注:

1. 梁上部非通长纵筋的延伸长度以l_x计算时，l_x的取值规定为：(1)当两相邻跨为等跨时，l_x为其中一跨的净跨值；(2)当两相邻跨为不等跨时，大跨l_x取本跨净跨值，小跨l_x取两相邻跨净跨之和的平均值[即$0.5(l_{ni}+l_{ni+1})$]。

2. 当为不等跨框架，且小跨净跨值不大于大跨净跨值的1/2时，框架梁上部非通长筋应贯通小跨。

3. 框架梁上部纵筋应贯穿中柱，下部纵筋宜贯穿中间支座（见本章相应构造）；若下部纵筋需锚固时：①当计算中充分利用该钢筋的抗拉强度时，其在边柱支座的锚固方式应与上部纵筋的规定相同，在中柱支座的直线锚固长度≥l_a（如本图所示）；②当计算中充分利用该钢筋的抗压强度时，应按受压钢筋锚固在边柱或中柱内，其直线锚固长度不应小于$0.7\,l_a$；③当计算中不利用该钢筋的强度时，其伸入边柱或中柱的锚固长度，对带肋钢筋不小于$12d$，对光面钢筋不小于$15\,d$，d为锚固钢筋的最大直径。

4. 当为满足受力要求需在梁上部设置贯通筋时，宜在跨中$l_n/3$范围连接，可采用搭接、机械连接或对焊连接方式。

5. 在梁侧面沿腹板高度配置的纵向构造钢筋，见本章相应的通用构造详图。

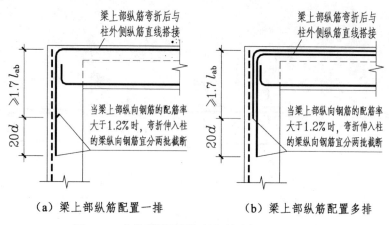

（a）梁上部纵筋配置一排　　　　（b）梁上部纵筋配置多排

图 8.16　非抗震屋面框架梁纵筋边柱内分批截断构造

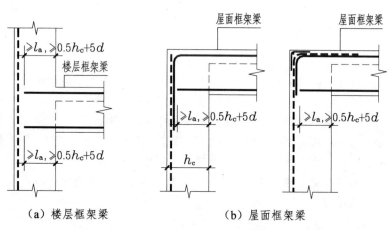

（a）楼层框架梁　　　　（b）屋面框架梁

图 8.17　非抗震楼层、屋面框架梁纵筋边柱内直锚构造

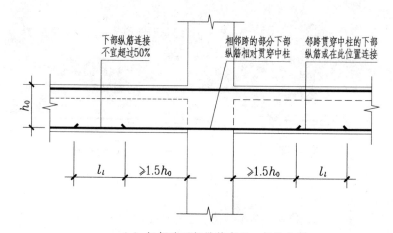

（a）相邻跨下部纵筋直径、根数相同

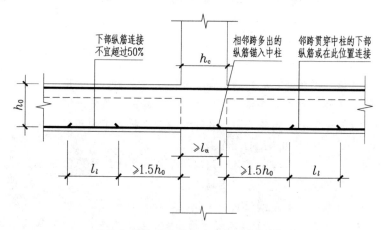

（b）相邻跨下部纵筋直径相同但根数不同

图 8.18　非抗震楼层框架梁下部纵筋中柱外搭接构造

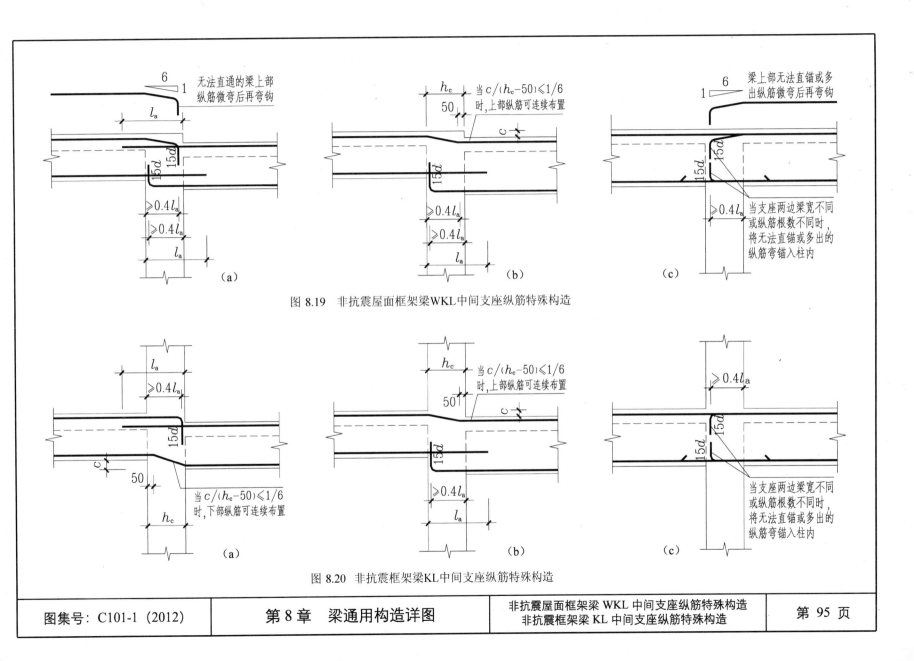

图 8.19 非抗震屋面框架梁WKL中间支座纵筋特殊构造

图 8.20 非抗震框架梁KL中间支座纵筋特殊构造

第8章 梁通用构造详图

非抗震屋面框架梁 WKL 中间支座纵筋特殊构造
非抗震框架梁 KL 中间支座纵筋特殊构造

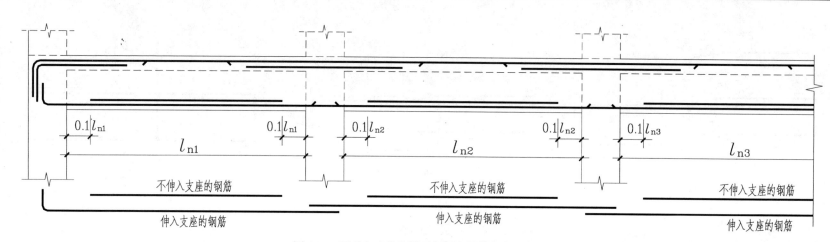

图 8.21 不伸入支座的梁下部纵向钢筋断点位置

注：本构造不适用于框支梁。

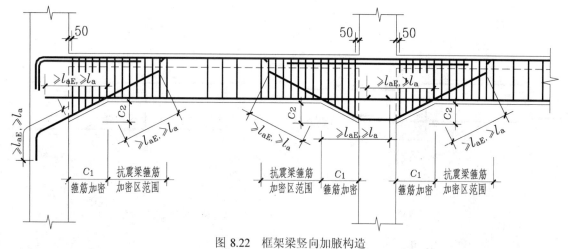

图 8.22 框架梁竖向加腋构造

注：

1. l_{aE}、l_a 分别为抗震、非抗震梁纵筋锚固长度。

2. 加腋部位几何尺寸 c_1、c_2 和底部纵筋等按设计标注，当设计未注时，表明加腋钢筋按构造配置。腋部构造配置为：当梁下部纵筋配置较密时，为第一排纵筋根数减 1 根；当配置较少时与第一排纵筋根数相同（确保纵筋间距不大于 200mm）；腋部 c_1 区箍筋配置与梁端部箍筋规格相同。

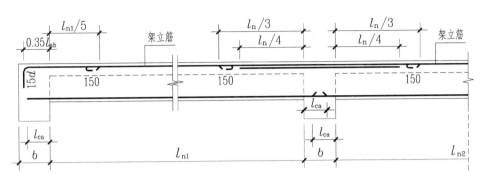

（a）纵筋构造

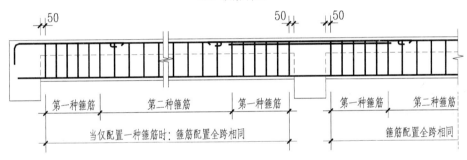

（b）箍筋构造

图 8.23 非框架梁L配筋构造

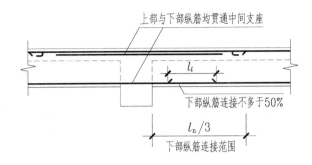

图 8.24 非框架梁下部纵筋支座外搭接构造

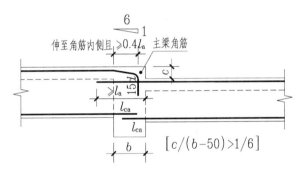

（a）上部纵筋分别锚固

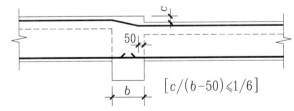

（b）上部纵筋微弯折后贯通

图 8.25 非框架梁中间支座纵筋特殊构造

注：

1. 上部非通长筋在中间支座向两侧跨内延伸长度 l_n 值，为左右两跨较大一跨的净跨值；当为不等跨且小跨净跨值不大于大跨净跨值的2/3时，上部非通长筋可贯通小跨。

2. 梁下部纵筋伸入支座长度取值：当设计未注明时，带肋钢筋取 $l_{ca} \geqslant 12d$，光面钢筋取 $l_{ca} \geqslant 15d$；当设计注明充分利用梁其抗压强度时，取 $l_{ca} \geqslant 0.7l_a$；当设计注明梁承受扭矩或充分利用其抗拉强度时，取 $l_{ca} \geqslant l_a$，此时直锚或弯锚方式与框架梁充分利用下部纵筋抗拉强度时相同。

3. 本图梁端支座上部纵筋为设计按铰支构造，当要求充分利用其强度时，由设计者另行注明。

4. 当为弧形非框架梁时，按其凸面度量箍筋间距。

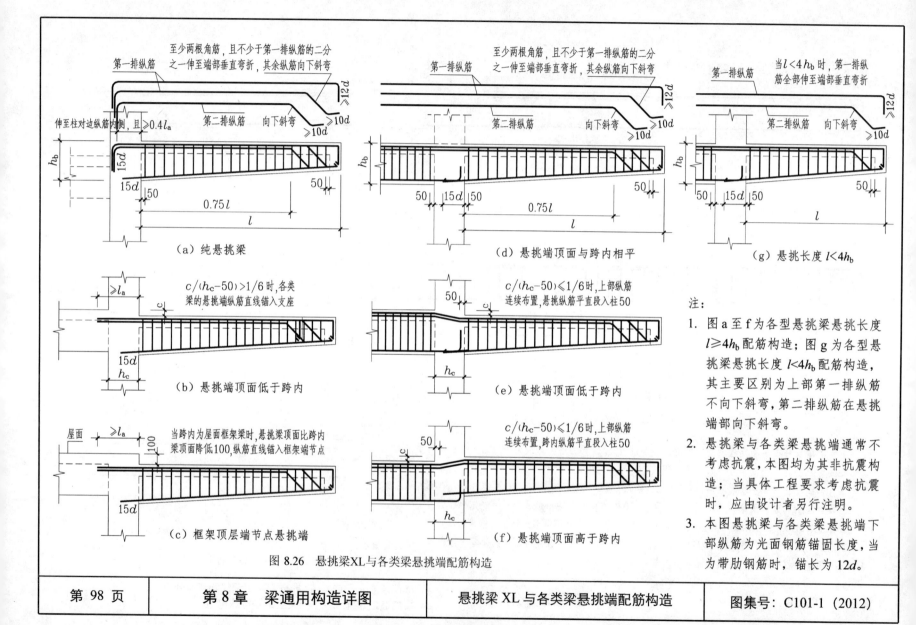

图 8.26 悬挑梁XL与各类梁悬挑端配筋构造

（a）纯悬挑梁

（b）悬挑端顶面低于跨内

（c）框架顶层端节点悬挑端

（d）悬挑端顶面与跨内相平

（e）悬挑端顶面低于跨内

（f）悬挑端顶面高于跨内

（g）悬挑长度 $l<4h_b$

注:

1. 图 a 至 f 为各型悬挑梁悬挑长度 $l≥4h_b$ 配筋构造；图 g 为各型悬挑梁悬挑长度 $l<4h_b$ 配筋构造，其主要区别为上部第一排纵筋不向下斜弯，第二排纵筋在悬挑端部向下斜弯。

2. 悬挑梁与各类梁悬挑端通常不考虑抗震，本图均为其非抗震构造；当具体工程要求考虑抗震时，应由设计者另行注明。

3. 本图悬挑梁与各类梁悬挑端下部纵筋为光面钢筋锚固长度，当为带肋钢筋时，锚长为 $12d$。

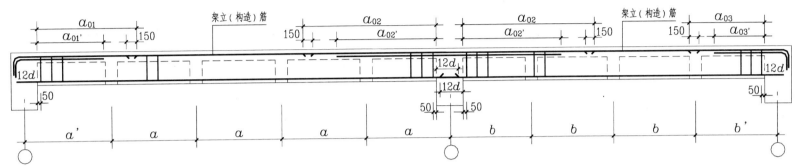

（a）井字梁 JZL2(2)配筋构造

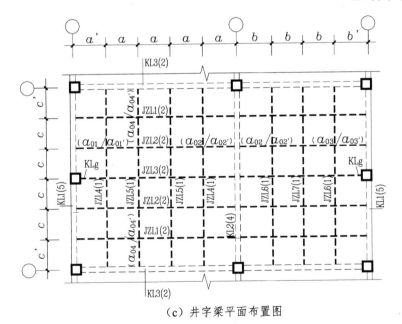

（c）井字梁平面布置图

图 8.27　井字梁 JZL 配筋构造

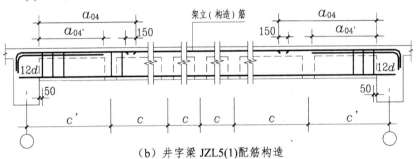

（b）井字梁 JZL5(1)配筋构造

注：
1. 在本页表示的两片矩形平面网格区域井字梁的平面布置图中，仅标注了井字梁编号以及其中两根井字梁支座上部钢筋的外伸长度值代号，略去了集中注写与原位注写的其他内容。

2. 施工时，井字梁支座上部钢筋外伸长度的具体数值，梁的几何尺寸与配筋数值按具体工程设计，井字梁端上部筋锚固方式同非框架梁端部构造。另外，井字梁在纵横两个方向相交位置，两根相互交叉的梁位于同一层面钢筋的上下交错关系（何者在上何者在下），以及两方向井字梁在该相交处的箍筋布置要求等，亦详见具体工程说明。

3. JGJ3(2)两端引注 KLg，表示该梁两端部修正为按框架梁端部（跨界）构造.

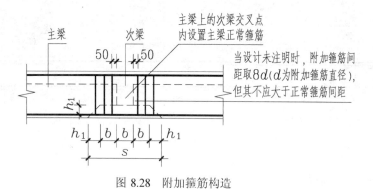

主梁上的次梁交叉点内设置主梁正常箍筋

当设计未注明时,附加箍筋间距取8d(d为附加箍筋直径),但其不应大于正常箍筋间距

主梁　次梁

50　50

h_1

h_1　b　b　b　h_1

s

图 8.28　附加箍筋构造

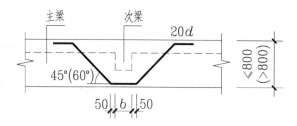

主梁　次梁

20d

45°(60°)

<800(>800)

50　b　50

图 8.29　附加吊筋构造

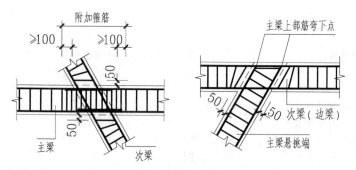

附加箍筋

≥100　≥100

50

50

50

主梁　次梁

次梁

主梁上部筋弯下点

50

50　次梁(边梁)

主梁悬挑端

图 8.30　主次梁斜交箍筋构造

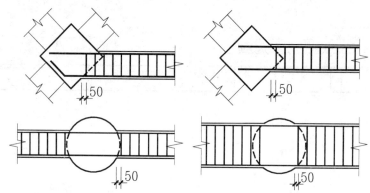

50

50

50

50

图 8.31　梁与方柱斜交或与圆柱相交箍筋起始位置

注:为方便施工,梁在柱内箍筋可采用两个半套箍搭接或焊接。

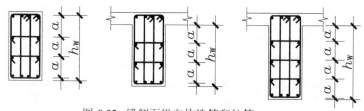

a　a　a　h_w

a　a　h_w

a　a　a　h_w

图 8.32　梁侧面纵向构造筋和拉筋

注:

1. 当$h_w \geq 450mm$时,在梁的两个侧面应沿高度配置纵向构造钢筋,其间距$a \leq 200mm$,其搭接与锚固长度可取$15d$。

2. 当梁侧面已配置受扭纵筋时,侧面纵向构造筋不需重复配置。

3. 当梁宽$\leq 350mm$时,拉筋直径为 6mm;当梁宽$>350mm$时,拉筋直径为 8mm;拉筋间距为非加密区箍筋间距的两倍。当设有多排拉筋时,上下两排拉筋竖向错开设置(梅花双向)。拉筋一端弯钩角度可为135°,另一端可为$\geq 90°$,且相邻调头设置。

附加箍筋构造;附加吊筋构造;主次梁斜交箍筋构造;梁与方柱斜交或与圆柱相交箍筋起始位置;梁侧面纵向构造筋和拉筋

表 8-1

梁支座端跨界构造修正

跨界构造 修正代号	修 正 内 容	原位引注方式图例
Lg	当框架梁 KL、屋面框架梁 WKL 的端支座或某中间支座为梁时，将该支座纵筋锚固及近支座梁上部纵筋向跨内延伸和箍筋构造，按非框架梁 L 修正。	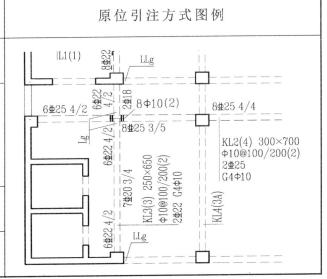
KLg	(1) 多跨非框架梁 L、井字梁 JZL 端支座或某中间支座支承于框架柱时，将该支座纵筋锚固及近支座梁上部纵筋向跨内延伸和箍筋构造，按楼层框架梁 KL 修正。 (2) 屋面框架梁 WKL 的某一端在楼层内时，将该端支座的纵筋锚固构造，按楼层框架梁 KL 修正。	
WKLg	当楼层框架梁 KL 的某一端在局部屋面的框架端节点时，将该梁端支座的纵筋锚固及与柱纵筋的弯折搭接构造，按屋面框架梁 WKL 的梁端部构造修正。	
LLg	楼层框架梁 KL 或屋面框架梁 WKL 的端部顺剪力墙平面内连接时，将该端支座钢筋锚固构造，按剪力墙连梁 LL 的锚固构造修正。	

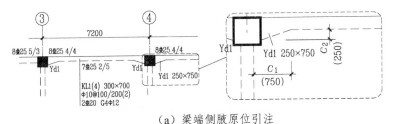

（a）梁端侧腋原位引注

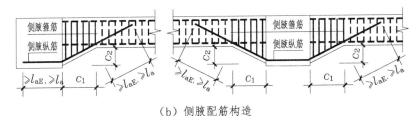

（b）侧腋配筋构造

图 8.33 框架梁侧腋构造

注：侧腋配筋按设计标注。当设计未注时，表明侧腋纵筋、箍筋按构造设置，构
造设置及其规格与梁同排纵筋、箍筋规格相同。

通用构造详图变更表

通用图集编号：C101-1（2012）

通用构造详图变更表应用说明

1. 本"通用构造详图变更表"，为具体工程需要对图集中的构造详图作出变更，供设计者在设计总说明中写明变更内容时参考使用。

2. 在表头栏中应注明通用图集名称或编号。

3. 应注明所变更通用构造详图的图号、名称及所在图集页号。

4. 应注明变更所适用的构件编号。

5. 应在表中汇制变更后的构造详图并加注说明。

【附注】

　　通用设计可根据具体工程需要进行变更，此种变更方式亦曾用于作者本人创作的平法系列"标准设计"。在各国工程技术领域，均有相应的"设计标准"如结构设计规范、规程等，但并不存在"标准设计"。设计是典型的创作活动，在满足规范、规程规定的安全性、可靠性原则下，结构与构造设计可有多种形式，否则将导致设计僵化及技术退化。

参 考 文 献

1 GB 50010-2010 混凝土结构设计规范．北京：中国建筑工业出版社，2011

2 GB 50011-2010 建筑抗震设计规范．北京：中国建筑工业出版社，2010

3 JGJ 3-2010 高层建筑混凝土结构技术规程．北京：中国建筑工业出版社，2011

4 陈青来．钢筋混凝土结构平法设计与施工规则．北京：中国建筑工业出版社，2007

5 陈青来．混凝土结构施工图平面整体表示方法制图规则和构造详图（现浇混凝土框架、剪力墙、框架—剪力墙、框支剪力墙结构）．北京：中国计划出版社，2006

6 陈青来．混凝土结构施工图平面整体表示方法制图规则和构造详图（箱形基础和地下室结构）．北京：中国计划出版社，2009